による
教育データ分析
入門

小林雄一郎・濱田 彰・水本 篤 共著

はじめに

IT 技術の発展にともない，さまざまな分野でビッグデータの活用が提唱されています。教育現場でも，テストやアンケートの結果，学習支援システムや出席管理システムの履歴など，多様なデジタルデータが蓄積されつつあります。そして，近年は，教育ビッグデータの解析技術が大きな注目を集めています[†1]。

本書は，**教育現場に蓄積されたデータを分析するための入門書**です。具体的には，「2 つのテスト結果を比較したい」，「指導法による成績の違いを調べたい」，「テスト欠席者の見込み点を予測したい」，「授業評価アンケートを作成・分析したい」，「100 点満点のテスト結果を 5 段階評価に変換したい」，「合格者と不合格者を分けるルールを知りたい」などのニーズに対応する手法を紹介します（詳しくは，本書の目次を参照）[†2]。主な読者としては，教育現場に勤務する教職員，教育を専攻する学生や研究者を想定しています。

本書の構成としては，最初の「準備編」で，**フリーのデータ解析ツールである R** の使い方を基礎から説明します。そして，前半の「基本編」では，記述統計，層別分析・可視化，t 検定，分散分析・多重比較，効果量，相関分析を扱います。これらの手法は，教育データを分析するにあたって，最低限身につけておきたいスキルです。また，後半の「発展編」では，回帰分析，因子分析，構造方程式モデリング，クラスター分析を紹介します。これらの手法は，少し難しいと感じる読者もいるかもしれませんが，教育の分野で論文を読んだり書いたりする際に役立つ知識です。さらに，主に大学院生や研究者に向けて，ノンパラメトリック検定，テキストマイニング，マルチレベル分析，項目反応理論，潜在ランク理

[†1] 教育ビッグデータの解析は，educational data mining や learning analytics などと呼ばれることもあります。

[†2] 本書の著者たちが英語研究や英語教育に従事しているため，それらの分野に関する例題が多く紹介されています。しかし，解説されているテスト結果やアンケート結果の分析方法は，特定の科目や分野に限定されるものではなく，他の科目や幅広い分野で活用できるものです。ただし，本書で紹介している分析事例は，サンプルデータを用いたものであり，あくまで分析方法の解説を目的とするものです。

論，決定木分析に関するコラムを含んでいます。

　原則として，本書は，1章から順番に章を読み進めていく構成となっています。しかし，データ分析に関する知識をある程度持っている読者は，自分の興味関心のある章から読んでいただいても結構です。本書が教育現場におけるデータ分析導入の一助となれば幸いです。

　最後に，本書を出版する機会を与えてくださったオーム社の皆さまに心より御礼を申し上げます。

2020 年 8 月

著者を代表して

小林　雄一郎

　本書のプログラムおよび付属データはオーム社 HP（書名で検索）からダウンロードできます。

　https://www.ohmsha.co.jp/

目　次

はじめに.. iii

準備編

1章　Rの使い方（小林）..2

1.1　Rのインストール 2
1.2　コードの入力 5
1.3　変数・代入 6
1.4　ベクトル 8
1.5　行列 10
1.6　データフレーム 13
1.7　ファイルの読み込み 15
1.8　ファイルへの書き出し 18
1.9　パッケージのインストール 19
1.10　ヘルプの参照 19

基本編

2章　記述統計（小林）.. 22
──テスト結果の概要を知りたい──

2.1　記述統計 22
2.2　分析データ 22
2.3　平均値・中央値・最頻値 24
2.4　最小値・最大値・範囲 27
2.5　分散・標準偏差 28
2.6　5数要約・要約統計量 30
2.7　標準得点・偏差値 31
2.8　歪度・尖度 33

3章　層別分析・可視化（小林）..35
──クラスごとの傾向を視覚的に把握したい──

3.1　層別分析の考え方 35
3.2　分析データ 36
3.3　ヒストグラム 38
3.4　箱ひげ図 44
3.5　蜂群図 48
3.6　平均値 ± 標準偏差のプロット 50

4章　*t*検定（水本）...54
──2つのテスト結果を比較したい──

4.1　推測統計 54
4.2　検定の考え方 55
4.3　独立した（対応のない）*t*検定 57
4.4　対応のある*t*検定 63

5章　分散分析・多重比較（水本）.......................................70
──3つ以上のグループや繰り返しのテスト結果を比較したい──

5.1　分散分析の考え方 70
5.2　多重比較 73
5.3　要因と水準，繰り返しの有無 73
5.4　繰り返しのない一元配置分散分析 74
5.5　繰り返しのある要因を含んだ二元配置分散分析 79

6章　効果量（水本）...87
──指導法による成績の違いを調べたい──

6.1　効果量の考え方（効果量の報告が必要な理由）.....................87
6.2　効果量の大きさの基準 91
6.3　Rによる効果量の算出 94
6.4　4章のデータから効果量を計算 97

7章　相関分析（濱田）...105
──中間試験と期末試験の成績の関係を調べたい──

7.1　相関分析の考え方 105

7.2　中間試験と期末試験の相関関係 107
7.3　散布図 109
7.4　授業評価アンケートの分析 113
7.5　相関係数の解釈 117
7.6　テストの妥当性と信頼性 119

発展編

8章　回帰分析（濱田） **126**
　　──テスト欠席者の見込み点を予測したい──
8.1　回帰分析の考え方 126
8.2　単回帰分析 127
8.3　重回帰分析 135
8.4　複数のモデルの比較 140

9章　因子分析（濱田） **148**
　　──授業評価アンケートを作成・分析したい──
9.1　因子分析の考え方 148
9.2　因子分析の準備 149
9.3　探索的因子分析 154
9.4　確認的因子分析 159
9.5　因子得点・尺度得点による評価 166

10章　構造方程式モデリング（濱田） **175**
　　──成績データから因果関係を探りたい──
10.1　構造方程式モデリングの考え方 175
10.2　構造方程式モデリングで因果分析 176
10.3　モデルの修正 189
10.4　lavaan パッケージのエラーメッセージ 190

11章　クラスター分析（小林） **196**
　　──同じような特徴を持つ学習者をグループ化したい──
11.1　クラスター分析の考え方 196
11.2　分析データ 196
11.3　階層型クラスター分析 198

11.4　非階層型クラスター分析...204

参考文献...213
索　引...216

COLUMN

ノンパラメトリック検定（水本）.................................100
　　──少人数の成績を比較したい──
テキストマイニング（小林）.....................................121
　　──授業評価アンケートの自由記述を分析したい──
マルチレベル分析（小林）.......................................142
　　──異なる学校の成績を比較したい──
項目反応理論（濱田）...168
　　──テストごとの難易度を考慮して成績を出したい──
潜在ランク理論（濱田）...192
　　──100 点満点のテスト結果を 5 段階評価に変換したい──
決定木分析（小林）...209
　　──合格者と不合格者を分けるルールを知りたい──

準備編

1 章

R の使い方

　本章では，フリーのデータ解析ツールである R の使い方の基本を学びます。具体的には，変数，ベクトル，行列といったデータの作成と操作，ファイルの読み込み，パッケージのインストールなどの方法を説明します[†1]。

1.1 R のインストール

　R は，多様なデータ解析機能とグラフィックス作成機能を備えた分析ツールです。このツールは，

① 誰でも無料で使用することができる
② Windows，macOS（Mac），Linux といった複数の OS 上で動作させることができる
③ 拡張機能が無料の「パッケージ」という形で配布されているために最新のデータ解析手法をすぐに試すことができる

などの利点を持っています。

　まずは，R のインストール手順について説明します。R の公式ウェブサイト[†2]（**図 1.1**）にアクセスし，左側のメニューから **CRAN**（The Comprehensive R Archive Network）をクリックします。そうすると，世界各地にあるミラーサイト（メインサイトのコピー）の一覧がアルファベット順で表示されます。そこから「Japan」のサイト（複数ある場合は，そのいずれか）を選びます。次に，日本のミラーサイトの上部にある「Download and Install R」から自分の OS に

---

†1　本章の一部は，小林（2017）の 4 章を加筆修正したものです。
†2　https://www.r-project.org/

合わせたリンクをクリックします。そして，Windows版をインストールする場合は，その先にある「Download R for Windows」のページで「base」を選び，「Download R 4.*.* for Windows」をダウンロードしてください。また，macOS版をインストールする場合は，ミラーサイトの「Download R for (Mac) OS X」へと進んで，「R-4.*.*.pkg」をダウンロードしてください。なお，本書執筆時点でのバージョンは，R 4.0.0でした。

The R Project for Statistical Computing

[Home]

Download

CRAN

R Project

About R
Logo
Contributors
What's New?
Reporting Bugs
Conferences
Search
Get Involved: Mailing
Lists
Developer Pages
R Blog

R Foundation

Foundation

Getting Started

R is a free software environment for statistical computing and graphics. It compiles and runs on a wide variety of UNIX platforms, Windows and MacOS. To **download R**, please choose your preferred CRAN mirror.

If you have questions about R like how to download and install the software, or what the license terms are, please read our answers to frequently asked questions before you send an email.

News

- **R version 4.0.0 (Arbor Day)** has been released on 2020-04-24.

- useR! 2020 in Saint Louis has been cancelled. The European hub planned in Munich will not be an in-person conference. Both organizing committees are working on the best course of action.

- **R version 3.6.3 (Holding the Windsock)** has been released on 2020-02-29.

- You can support the R Foundation with a renewable subscription as a supporting member

図1.1 CRANのウェブサイト

ダウンロードしたファイルをダブルクリックすると，Rのインストールが開始されます。ここでは，すべてデフォルトの設定のまま「次へ」（もしくは「続ける」）を押していくことを推奨します。途中で何度か確認を求められますが，そのまま「次へ」（もしくは「続ける」）を押していきましょう。インストールが完了すると，Windowsならばスタートメニューの中に，macOSならば「アプリケーション」の中にRのアイコンが表示されます。

なお，本書ではRを直接操作しますが，近年はRStudioという統合開発環境を

利用するユーザーが増えています。RStudio を使用する場合は，RStudio のウェブサイト[†3] からデスクトップ版をダウンロードし，インストールしてください。RStudio の導入については，浅野・中村（2018）などに詳しく書かれています。

　インストールした R を起動すると，**図1.2** のような画面が表示されます（このスクリーンショットは macOS 版で，Windows 版とは異なります）。今後は，この画面上で R を操作することになります。なお，本書では，デスクトップ画面の上にある「R」，「ファイル」，「フォーマット」などが並んでいる部分[†4] を「メニューバー」と呼び，その下にある「R version 4.0.0 (2020-04-24) -- "Arbor Day"」と書かれている部分を「コンソール画面」，もしくは単に「コンソール」と呼びます（コンソール画面に表示されている文言は，R のバージョンなどによって若干異なります）。

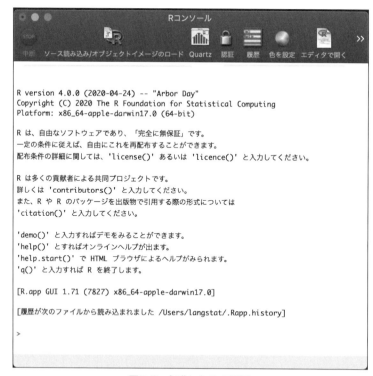

図 1.2　起動した R の画面

また，R を終了する場合は，メニューバーの「R」から「R を終了」を選ぶ[5]か，コンソールに q() と入力してエンターキー（リターンキー）を押すか，コンソール上部の終了ボタン（他のアプリケーションと同じ）をクリックしてください。

このいずれかの操作を行うと，「作業スペース」，もしくは「ワークスペース」を保存するか否かを尋ねられます。ここで毎回保存を選んでいくと，大きなデータが蓄積され，コンピュータのディスクスペースを圧迫します。そこで本書では，作業スペース（もしくは，ワークスペース）に保存しないことを推奨します。

1.2 コードの入力

まずは，R の基本操作に慣れるために，簡単な計算をしてみましょう。コンソールに以下の 1 + 2 という命令を打ち込んで，エンターキーを押してください。R では，このような命令のことを**コード**と言います。なお，行頭の > は 1 つのコードの開始位置を示すもので，自分で入力する必要はありません。

```
> 1 + 2
```

そうすると，以下のように，入力したコードの実行結果がコンソールに表示されます。行頭の [1] は，その処理から得られた出力の 1 つめという意味です。

```
[1] 3
```

当然のことながら，足し算以外の計算もできます。なお，# で始まる部分はコメントで，R の処理から除外されます。本書では，# を使って，コードの説明などをしていきます（したがって，入力を省略しても構いません）

```
> # 引き算（実行結果は省略）
> 2 - 1
> # 掛け算（実行結果は省略）
> 2 * 3
```

---

[5]　Windows 版では「ファイル」から「終了」を選ぶ。

```
> # 割り算（実行結果は省略）
> 4 / 2
> # 累乗（実行結果は省略）
> 3 ^ 4
```

ここで，Rにおけるコードの書き方について少し補足します。コードを入力する際，空白を入れても入れなくても結果は変わりません。ただ，ある程度の空白を入れておいたほうが見やすいでしょう。

```
> # 以下の処理の実行結果はすべて同じ（実行結果は省略）
> 1+2
> 1+ 2
> 1 +2
> 1 + 2
>       1       +       2
```

また，コードの途中でエンターキーを押してしまった場合，コードの開始位置を表す > ではなく，コードの途中であることを示す + が行頭に表示されます。このようなときは，+ のあとにコードの続きを入力するか，エスケープ（Esc）キーを押して処理を中断してください。

```
> # コードの途中でエンターキーが押された場合
> 1 +
+
```

そして，コードを入力する際，コンソール上でキーボードの「↑」や「↓」を押すと，これまでに使ったコードの履歴を表示することができます（「↑」を1回押すと1つ前のコードを，2回押すと2つ前のコードを呼び出すことができます）。この機能は，似たようなコードを続けて入力する際に非常に便利なので覚えておきましょう。

1.3　変数・代入

では，ここから少しずつRによるプログラミングの基礎について触れていきます。最初は**変数**と**代入**について学びます。変数というのは，何らかのデータを

一時的に入れておく箱のようなもので，その箱の中にデータを入れることを代入
と呼びます。以下の例では，x という名前の変数の中に 2 という数値を代入して
います。変数の名前は，半角英数字や全角英数字などを使って自由につけること
ができます[6]。本書では，主に半角英数字やピリオドなどを組み合わせたものを
変数名として用います。また，代入にあたっては，半角記号の < と - を組み合
わせた <- という特殊記号を使います（これは左向きの矢印を表しています）[7]。
なお，別のデータを同じ名前の変数に代入すると，新しいデータが古いデータを
上書きしてしまいますので，注意してください。

```
> # 変数に代入
> x <- 2
```

代入した変数の中身を確認する場合は，コンソールに変数名を入力します。そ
うすると，先ほど代入した 2 という数値が表示されます。プログラミングにあ
る程度慣れるまでは，代入をするたびに，きちんと中身を確認するのが無難で
す。

```
> # 変数の中身の確認
> x
[1] 2
```

ちなみに，コードをカッコ () で囲むと，代入と同時に，変数の中身をコン
ソールに表示することができます。

```
> # 代入と同時に変数の中身を確認
> (x <- 2)
[1] 2
```

---

[6] R では，大文字と小文字が区別されるため，変数 X と変数 x は別のものとして扱われます。
また，break, else, for, function, if, in, next, repeat, return, while, TRUE,
FALSE などの名前は，R において特殊な意味を持っているため，変数名として用いるこ
とはできません。また，日本語で変数名をつけることも可能ですが，半角英数字で変数
名をつけることを推奨します。

[7] 他のプログラミング言語のように，= を代入記号として使うことも可能ですが，R では
<- が一般的です。

　数値が代入された変数を使った計算をすることも可能です。以下の例では，xという変数に代入された数値に1を足しています。変数xの中は2ですので，この計算結果は3となります。

```
> # 変数を使った計算
> x + 1
[1] 3
```

　また，複数の変数を使って，変数同士の計算をすることもできます。以下の例では，yという新しい変数に3を代入し，xとyを足しています。x + yは2 + 3に等しいため，その答えは5となります。

```
> # 別の変数を作成
> y <- 3
> # 変数同士の計算
> x + y
[1] 5
```

1.4　ベクトル

　前節では，1つの数値を変数に代入する方法を学びました。続く本節では，複数の値を1つのまとまりとして扱う**ベクトル**という概念について説明します。以下の例では，1から5までの数値をベクトル化し，xという変数に代入しています。その際，1から5までの数値をカッコで囲み，その左側にcという文字を書きます。このcは，単なる文字ではなく，「直後のカッコに囲まれた部分をベクトルに変換する」という特別な役割を担っています。このような特別な役割を持った文字列を**関数**と言います。また，Rの関数は，関数名 ( ) という形式となっていて，カッコの中に入れたものに対して，その関数が持つ特殊な処理を適用します。

```
> # ベクトルの作成と代入
> # c関数は，ベクトルを作成するための関数
> x <- c(1, 2, 3, 4, 5)
```

代入したベクトルの内容を確認する場合は，コンソールに変数名を入力します。また，ベクトルの長さ（要素数）を知りたいときは，length 関数を使います。

```
> # ベクトルの中身の確認
> x
[1]  1  2  3  4  5
> # ベクトルの長さ（要素数）の確認
> length(x)
[1] 5
```

そして，ベクトルの n 番目の要素のみを取り出す場合は，ベクトル名 [n] を指定します。また，ベクトルの m 番目から n 番目までの要素を取り出す場合は，ベクトル名 [m : n] を指定します。

```
> # ベクトルの3番目の要素だけを抽出
> x[3]
[1] 3
> # ベクトルの2番目から4番目の要素だけを抽出
> x[2 : 4]
[1] 2 3 4
```

変数と同様に，ベクトルを使った計算やベクトル同士の計算を行うことも可能です。ベクトルを使った計算を行うと，以下の x ＊ 2 の場合のように，ベクトル内のすべての要素に対して実行されます。

```
> # ベクトルを使った計算
> x * 2
[1]  2  4  6  8  10
> # 別のベクトルを作成
> y <- c(6, 7, 8, 9, 10)
> # ベクトル同士の計算
> x + y
[1]  7  9  11  13  15
```

1.5　行列

　次に，複数の行や列を持つ**行列**というデータ形式について説明します。Rで行列を作成するには，

① 　行列に含まれるデータをベクトルの形式で用意し，
② 　matrix 関数を使って行列に変換する

という手順をとります。以下の例では，z というベクトルに matrix 関数を適用する際，nrow（行数）というオプションで 2 を指定し，ncol（列数）というオプションで 3 を指定しています（このような関数のオプションを**引数**と言います）。これは，ベクトル z に含まれる 6 つの数値を使って，2 行 × 3 列の行列を作りなさいという命令です [8]。

```
> # 行列の作成
> # ベクトルの用意
> z <- c(1, 2, 3, 4, 5, 6)
> # 行列の形式に変換
> matrix.1 <- matrix(z, nrow = 2, ncol = 3)
> matrix.1
     [,1] [,2] [,3]
[1,]    1    3    5
[2,]    2    4    6
```

　なお，matrix 関数の引数 byrow で TRUE を指定すると，行列内の数値の並び方が変わります。好みの問題ではありますが，最初にベクトルを用意する際，こちらの形式のほうがわかりやすいように思います。

```
> # matrix関数の引数byrowでTRUEを指定
> matrix.2 <- matrix(z, nrow = 2, ncol = 3, byrow = TRUE)
> matrix.2
     [,1] [,2] [,3]
[1,]    1    2    3
```

---

[8]　ここでは，引数 nrow と引数 ncol の両方を明示的に指定していますが，実際はどちらか一方を指定するだけでも構いません。それは，「ベクトルに含まれる数値の個数 = 行数 × 列数」という関係が成り立つため，どれか 1 つの要素が欠けても，他の 2 つの要素から計算することが可能だからです。

```
[2,]    4    5    6
```

また，作成した行列の列数や行数を知りたい場合は，nrow 関数や ncol 関数などを用います。

```
> # 行数の確認
> nrow(matrix.2)
[1] 2
> # 列数の確認
> ncol(matrix.2)
[1] 3
```

変数やベクトルと同じく，行列を使った計算や，行列同士の計算も可能です。以下の例の「別の行列を作成」する部分では，matrix 関数と c 関数を入れ子構造で記述することで，1 行のコードで行列を作っています。

```
> # 行列を使った計算
> matrix.2 + 1
     [,1] [,2] [,3]
[1,]    2    3    4
[2,]    5    6    7
> # 別の行列を作成 (matrix関数とc関数を入れ子にする)
> matrix.3 <- matrix(c(7, 8, 9, 10, 11, 12), nrow = 2,
+ ncol = 3, byrow = TRUE)
> # 行列同士の計算
> matrix.2 + matrix.3
     [,1] [,2] [,3]
[1,]    8   10   12
[2,]   14   16   18
```

ちなみに，複数の行列を結合したいときは，rbind 関数，もしくは cbind 関数を用います。rbind 関数の場合は行方向（縦方向）に行列を結合し，cbind 関数の場合は列方向（横方向）に行列を結合します。

```
> # 行列の結合 (行方向)
> rbind(matrix.2, matrix.3)
     [,1] [,2] [,3]
[1,]    1    2    3
```

```
[2,]    4    5    6
[3,]    7    8    9
[4,]   10   11   12
> # 行列の結合（列方向）
> cbind(matrix.2, matrix.3)
     [,1] [,2] [,3] [,4] [,5] [,6]
[1,]    1    2    3    7    8    9
[2,]    4    5    6   10   11   12
```

　行列に含まれる一部の要素を取り出す場合は，行列名 [行 , 列] の形式で指定します。行と列の両方を指定せずに，行列名 [行 ,] や行列名 [, 列] の形式で指定した場合は，指定した行もしくは列に含まれるすべての要素が取り出されます。さらに，マイナス記号をつけて，行列名 [- 行 ,] や行列名 [, - 列] の形式で指定すると，指定した行以外もしくは列以外に含まれるすべての要素が取り出されます。

```
> # 元の行列
> matrix.2
     [,1] [,2] [,3]
[1,]    1    2    3
[2,]    4    5    6
> # 2行目・3列目の要素を抽出
> matrix.2[2, 3]
[1] 6
> # 2行目の要素すべてを抽出
> matrix.2[2, ]
[1] 4 5 6
> # 3列目の要素すべてを抽出
> matrix.2[, 3]
[1] 3 6
> # 2行目の要素以外のすべてを抽出
> matrix.2[-2, ]
[1] 1 2 3
> # 3列目の要素以外のすべてを抽出
> matrix.2[, -3]
     [,1] [,2]
[1,]    1    2
[2,]    4    5
```

　そして，t 関数を用いることで，行列を転置する（行と列を入れ替える）こと

ができます。

```
> # 元の行列
> matrix.2
     [,1] [,2] [,3]
[1,]    1    2    3
[2,]    4    5    6
> # 行列の転置
> t(matrix.2)
     [,1] [,2]
[1,]    1    4
[2,]    2    5
[3,]    3    6
```

　大きな行列を分析する際は，どの行が何のデータで，どの列が何のデータなのかがわからなくなることがあります。そのような際に，行や列にラベルがあると助かります。Rで行ラベルや列ラベルをつけるには，rownames関数やcolnames関数を使います。また，Rで文字列データを扱う場合は，以下のコードの "X" や "Y" のように，ダブルクォーテーションマークで囲みます。

```
> matrix.2
     [,1] [,2] [,3]
[1,]    1    2    3
[2,]    4    5    6
> # 行ラベルの付与
> rownames(matrix.2) <- c("X", "Y")
> # 列ラベルの付与
> colnames(matrix.2) <- c("A", "B", "C")
> # ラベルの確認
> matrix.2
  A B C
X 1 2 3
Y 4 5 6
```

1.6　データフレーム

　Rには，行列とは別に，**データフレーム**というデータ形式があります。データフレームは行列とは異なり，「数値」や「文字列」といった異なる型のデータを

まとめて持つことが可能です。そして，データフレームを作成するには，

① 　ベクトルなどからデータフレームを作成する
② 　外部ファイルのデータを読み込んでデータフレームを作成する

という2つの方法があります。本節では①の方法を扱い，②の方法は次節で説明します。

　ベクトルなどからデータフレームを作成する場合は，data.frame 関数を用います。その際，個々のベクトルにつけられた名前は，データフレームの列ラベルとなります。

```
> # ベクトルの用意
> ID <- c("S001", "S002", "S003", "S004", "S005")
> Score <- c(75, 68, 82, 90, 78)
> # データフレームの作成
> df <- data.frame(ID, Score)
> # 作成したデータフレームの確認
> df
    ID Score
1 S001    75
2 S002    68
3 S003    82
4 S004    90
5 S005    78
> # データの型（クラス）を確認
> class(df)
[1] "data.frame"
> class(df[, 1])
[1] "character"
> class(df[, 2])
[1] "numeric"
```

　そして，データフレームの場合は，列の番号だけでなく，列の名前を指定して，任意の列のデータを取り出すことができます。たとえば，df から Score の列を抽出するには，df$Score のように指定します。

```
> # データフレームから一部の列のデータを抽出
> df$Score
```

```
[1] 75 68 82 90 78
> # 以下の処理と同じ
> df[, 2]
[1] 75 68 82 90 78
```

ちなみに，R には，行列かデータフレームのいずれか（あるいは，それ以外の
データ形式）しか扱えない関数も多く存在します。したがって，R の関数を使う
にあたっては，しばしばデータの型（クラス）を変換する必要が生じます。

1.7 ファイルの読み込み

ここまでは，直接コンソールにデータを入力していましたが，実際のデータは
大きなものであることが多く，それらを手で入力するのは骨が折れます。そこで
本節では，CSV ファイルやテキストファイルに保存されているデータを R に読
み込む方法について説明します。

ファイルを読み込むためには，**作業ディレクトリ**という概念を学ぶ必要があり
ます[9]。これは，ファイルからデータやプログラムを読み込んだり，ファイルに
データを書き出したりする場所のことです。現在の作業ディレクトリを知りたい
ときは，getwd 関数を用います。たとえば，Windows の場合，以下の例におけ
る「C:/Users/User/Documents」のようなコンピュータ上の「住所」が表示
されます[10]。この住所は，コンピュータの「C」ドライブ→「Users」→「User」
→「Documents」と階層を下っていったところに「R」というフォルダがあるこ
とを示しています。

```
> # 作業ディレクトリの確認
> getwd()
[1] "C:/Users/User/Documents"
```

現在の作業ディレクトリを変更したい場合は，setwd 関数を使います[11]。

---

[9] ワーキングディレクトリやカレントディレクトリと呼ばれることもあります。
[10] コンピュータ上の「住所」のことをパスと言います。
[11] 指定したフォルダが存在しない場合は，Error in setwd("C:/Data") : cannot change working directory のようなエラーメッセージが表示されます。

```
> # 作業ディレクトリの変更
> # 以下は、「C」ドライブ直下の「Data」フォルダに変更する例
> setwd("C:/Data")
```

そして，Rにファイルを読み込む場合は，原則として，

① 作業ディレクトリの中に読み込むファイルを入れる

② 読み込むファイルがあるディレクトリの住所を指定する

というの2つの方法があります。

たとえば，**表1.1**のようなデータが入ったCSVファイル（本書付属データに含まれている data_ch1-1.csv）があるとします。このファイルには，左側の列に学習者のID，右側の列にテストの点数が書かれていて，行や列のラベルは含まれていません。このような形式のファイルを読み込むときは，read.csv関数を使います。その際，引数 header で FALSE を指定します。

表1.1　値しか入っていないCSVファイル

S001	75
S002	68
S003	82
S004	90
S005	78

```
> # ファイルが作業ディレクトリにある場合
> dat <- read.csv("data_ch1-1.csv", header = FALSE)
> # ファイルが作業ディレクトリではなく，C:/Dataにある場合
> dat <- read.csv("C:/Data/data_ch1-1.csv", header = FALSE)
> dat
    V1 V2
1 S001 75
2 S002 68
3 S003 82
4 S004 90
5 S005 78
> # 上記のV1やV2は、Rが便宜上つけた列ラベル（ヘッダー）
```

このように，ファイルの住所や名前を入力するのが面倒な場合は，file.

choose 関数を組み合わせて使うと，ファイルを選択するダイアログボックスが表示されるため，非常に楽です。

```
> # マウス操作でdata_ch1-1.csvを選択する場合
> dat <- read.csv(file.choose(), header = FALSE)
```

また，表 **1.2** のように，列ラベル（ヘッダー）がついている CSV ファイル（本書付属データに含まれている data_ch1-2.csv）を読み込むときは，read.csv 関数の引数 header で TRUE を指定します。

表1.2 列ラベル（ヘッダー）がついている CSV ファイル

ID	Score
S001	75
S002	68
S003	82
S004	90
S005	78

```
> # マウス操作でdata_ch1-2.csvを選択する場合
> dat.2 <- read.csv(file.choose(), header = TRUE)
> dat.2
    ID Score
1 S001    75
2 S002    68
3 S003    82
4 S004    90
5 S005    78
```

そして，表 **1.3** のように，行ラベルと列ラベルの両方がついているファイル（本書付属データに含まれている data_ch1-3.csv）を読み込む場合は，引数 header で TRUE を指定し，引数 row.names で 1 を指定します（row.names = TRUE という書式ではないことに注意してください）。

表1.3 行ラベルと列ラベルがついているCSVファイル

	English	Math
S001	75	81
S002	68	84
S003	82	65
S004	90	86
S005	78	72

```
> # マウス操作でdata_ch1-3.csvを選択する場合
> dat.3 <- read.csv(file.choose(), header = TRUE,
+ row.names = 1)
> dat.3
     English Math
S001      75   81
S002      68   84
S003      82   65
S004      90   86
S005      78   72
```

1.8 ファイルへの書き出し

Rで作成した表（行列やデータフレーム）をファイルに書き出す場合は，write.table関数などを用います。ここでは例として，前節で作成したdat.3をCSVファイルに書き出します。この関数の基本的な書式は，

```
write.table(保存したい表の名前, file = "保存するファイルの名前",
  row.names = TRUE, col.names = NA, sep = ",")
```

のようになります（もちろん行ラベルや列ラベルの形式によって，引数row.namesや引数col.namesの書き方は異なります）。なお，書き出したファイルは現在の作業ディレクトリに保存されます。作業ディレクトリを忘れてしまったときは，getwd関数で確認しましょう。

```
> # ファイルへの書き出し（任意のファイル名を指定）
> write.table(dat.3, "output.csv", row.names = TRUE,
+ col.names = NA, sep = ",")
```

1.9 パッケージのインストール

R のパッケージをインストールする場合は install.packages 関数を用い，インストールしたパッケージを利用するためには library 関数を用います。また，インストール時に install.packages 関数の引数 dependencies で TRUE を指定すると，そのパッケージを動かすのに必要なパッケージをまとめてインストールすることができます。

ここでは以下のようなコードを用いて，foreign というパッケージ[12] をインストールし，R に読み込みます。なお，このパッケージは他の統計処理ツール（SAS，SPSS，Stata など）で保存されたデータを R に読み込むためのものです。

```
> # パッケージのインストール（初回のみ）
> install.packages("foreign", dependencies = TRUE)
> # パッケージの読み込み
> library("foreign")
```

ちなみに，R に Excel ファイルを読み込む場合は openxlsx というパッケージ[13] などを利用します。詳しくは，これらのパッケージのマニュアルなどを参照してください。

1.10 ヘルプの参照

ここまで本章では，R の基本的な使い方について学んできました。ただ，R の機能は多岐にわたるため，ここで紹介できなかった関数や引数も数多く存在します。また，本書でも，本文中のコードで使われているすべての関数について詳しく説明することはできません。関数の詳しい使い方を知りたい場合は，help 関数を活用しましょう。この関数は，任意の関数についてのヘルプを表示するために使われます。たとえば，最初に紹介した c 関数のヘルプを見るには，以下のようなコードを入力します。

---

[12]　https://CRAN.R-project.org/package=foreign

[13]　https://CRAN.R-project.org/package=openxlsx

```
> # c関数のヘルプを参照
> help(c)
```

そうすると，**図 1.3** のような画面が表示されます。冒頭に「Combine Values into a Vector or List」（ベクトルもしくはリストとして値を結合する）という関数の主な機能が書いてあり，その下には，関数に関する簡単な記述（Description），使い方（Usage），引数（Arguments）などに関する説明があります。英語ということもあり，最初は使いにくいかもしれません。しかし，ヘルプを使いこなせるようになると，Rやデータ処理に関する知識が格段に増していきます。

---

c {base}   R Documentation

                      Combine Values into a Vector or List

Description

This is a generic function which combines its arguments.

The default method combines its arguments to form a vector. All arguments are coerced to a common type which is the type of the returned value, and all attributes except names are removed.

Usage

c(..., recursive = FALSE)

Arguments

...   objects to be concatenated.

recursive   logical. If recursive = TRUE, the function recursively descends through lists (and pairlists) combining all their elements into a vector.

図 1.3　c関数のヘルプ（一部）

Rの基本的な使い方に関する説明は，これで終わりです[14]。2章からは，実際に教育データを分析する方法を説明します。

---

[14]　Rの発展的な使い方については，Rサポーターズ（2017）などを参照。

基本編

2章

記述統計
──テスト結果の概要を知りたい──

　　本章では，テストの点数を統計的に処理して，テスト結果の概要を把握するための手法を紹介します。具体的には，平均値や中央値，分散や標準偏差，標準得点や偏差値といった記述統計量を扱います。

2.1　記述統計

　記述統計とは，手もとにあるデータを何らかの数値に要約したり，グラフを用いた可視化をしたりすることで，データの概要を把握するための手法です[†1]。たとえば，学期末に行った期末試験の何点以上を「合格」として，何点以下を「不合格」にするかを決める場合，受験者全員の平均点を出すことは有用でしょう。また，点数のばらつきを表す指標を計算することで，クラス内の学力差を数値で把握することができます。そして，模試などを実施する際に，テスト結果を偏差値に変換することもあるでしょう。平均点や偏差値のように，記述統計で求められた値を記述統計量と言います。

　そこで本章では，テストの点数を統計的に処理して，テスト結果の概要を把握するための手法を紹介します。

2.2　分析データ

　ここでは，表 2.1 のようなデータを例として考えます。このデータは，ある授業の期末試験を 100 名の学習者が受けた結果を集計したものです。表中の

[†1]　「手もとにあるデータを何らかの数値に要約したり，グラフを用いた可視化をしたりすることで，データの概要を把握する」記述統計に対して，「手もとのデータを分析することで，より大きなデータの性質を推測する」推測統計という手法もあります。推測統計については，4 章および 5 章を参照。

"student" の列には個々の学習者の氏名を ID に変換したもの，"score" の列には個々の学習者の点数がまとめられています。

表 2.1　100 名の学習者の期末試験の結果

student	score
S001	67
S002	31
S003	93
S004	74
S005	75
...	...
S100	22

まずは，この成績データ（本書付属データに含まれている data_ch2.csv）を R に読み込んで，データの概要を確認します。

```
> # CSVファイルの読み込み（ヘッダーがある場合）
> # data_ch2.csvを選択
> dat <- read.csv(file.choose(), header = TRUE)
> # 読み込んだデータの冒頭の確認
> head(dat)
  student score
1    S001    67
2    S002    31
3    S003    93
4    S004    74
5    S005    75
6    S006    55
> # 行数と列数の確認
> dim(dat)
[1] 100    2
```

上記の結果を見ると，データの行数（ヘッダーを除く）が 100 であることから，100 名分のデータがあることがわかります。

2.3　平均値・中央値・最頻値

データの概要を把握する最初の一歩は，**代表値**を計算することです。代表値は，データの特徴を 1 つの値に要約した指標です。そして，最も一般的な代表値は，**平均値**でしょう（式 (2.1)）。平均値は，個々のデータのでこぼこ（大小）を「平らに均した値」のことで，データの合計をデータの個数で割ることで求められます[†2]。

$$平均値 = \frac{データの合計}{データの個数} \tag{2.1}$$

ここで分析しているデータの場合は，100 名分の点数をすべて足し合わせた値を人数（＝データの行数）で割ることで求められます。以下のコードでは，sum関数で点数の総計を求め，nrow 関数でデータの行数を求めています。

```
> # 平均値の計算（全員分の点数の総計を人数で割る）
> sum(dat$score) / nrow(dat)
[1] 62.05
```

上記の結果を見ると，今回のデータの平均点は，62.05 点でした。なお，R の mean 関数を用いると，より簡単に平均値を計算することができます。

```
> # 平均値の計算（mean関数）
> mean(dat$score)
[1] 62.05
```

平均値は，教育現場のみならず，幅広い分野で活用されています。しかし，平均値には，**外れ値**の影響を受けるという欠点があります。外れ値とは，他の値と比べて極めて大きい，もしくは小さい値のことです。ここで，簡単な例を見てみましょう。5 名の学習者が試験を受けて，その結果がそれぞれ 70 点，75 点，80点，85 点，90 点だったとします。そして，この 5 名の平均点を計算すると，以下のように，80 点となります。

[†2]　式 (2.1) で求めている平均値は，算術平均と呼ばれるものです。これ以外にも，さまざまな平均の計算方法が存在します。

```
> # 5名の平均点
> x <- c(70, 75, 80, 85, 90)
> mean(x)
[1] 80
```

しかし，5名のうちの1名が試験を白紙で提出し，0点だったとします。この場合の5名の平均点を求めると，以下のように，66点となります。この66点という平均点は，4名の点数（75, 80, 85, 90）よりも低く，残りの1名の点数（0）よりはかなり高いものです。つまり，計算された平均値は，個々の値のいずれからも離れていて，データ全体の特徴を的確に表しているとは言えません。

```
> # 5名の平均点（外れ値がある場合）
> y <- c(0, 75, 80, 85, 90)
> mean(y)
[1] 66
```

このように外れ値が含まれる場合，平均値ではなく，**中央値**という代表値を用いることがあります。中央値とは，個々の値を小さい順（あるいは，大きい順）に並び替えたときに真ん中にある値のことです。中央値を使うと，データの中に外れ値が含まれていたとしても，それほど強い影響を受けずに，すべての値の「中心」を見つけることができます。先ほどの例で言えば，「70, 75, 80, 85, 90」という5つの値の中央値も，「0, 75, 80, 85, 90」という5つの値の中央値も，ともに80となります。

Rで中央値を求める場合は，median関数を使います。

```
> # 70, 75, 80, 85, 90の中央値
> median(x)
[1] 80
> # 0, 75, 80, 85, 90の中央値
> median(y)
[1] 80
```

では，本章の分析データである100名の学習者の期末試験結果から中央値を計算すると，以下のように，62.5点となります。

```
> # 100名の学習者の期末試験結果の中央値
> median(dat$score)
[1] 62.5
```

ちなみに，平均値や中央値だけでなく，**最頻値**という代表値もあります。最頻値とは，データの中で最も多く現れる値のことです。Rの組み込み関数には，最頻値を求める関数がありません。ただし，以下のようなコードで最頻値を計算することができます。このコードでは，table関数で個々の点数をとった学習者の数を集計し，次に，which.max関数で最も多く現れる点数を特定しています。そのあと，names関数を使って，which.max関数の結果から「最も多く現れる点数」の情報だけを抜き出しています。それぞれの関数を個別に使ってみて，どんな処理をしているか試してみてください。

```
> # 100名の学習者の期末試験結果の最頻値
> score.mode <- names(which.max(table(dat$score)))
> score.mode
[1] "63"
```

なお，Rの内部では，names関数の結果（"63"）が「数値」ではなく，「文字列」として認識されています（Rでは，ダブルクォーテーションマークに囲まれた数値は，文字列として扱われます）。したがって，求めた最頻値を別の計算に使う場合は，以下のように，as.numeric関数を用いて，「文字列」から「数値」に変換します。

```
> # 「文字列」から「数値」に変換
> as.numeric(score.mode)
[1] 63
```

そして，以下のようなコードを実行すると，個々の点数をとった学習者の数を集計することができます。

```
> # 個々の点数をとった学習者の数を集計
> score.tab <- table(dat$score)
> score.tab
```

```
21 22 24 31 32 34 37 39 40 43 44 46 48 49 50 51 52 53
 1  1  1  1  2  1  1  2  1  1  3  2  2  1  3  4  3  1
54 55 56 57 58 60 61 62 63 64 66 67 68 69 70 71 72 73
 1  3  2  4  2  4  1  2  7  1  1  2  2  3  1  1  2  2
74 75 76 78 79 80 82 83 85 87 88 89 90 91 93 94 96
 3  4  2  1  2  1  3  2  2  1  1  1  1  1  1  1  1
```

0から100の値をとるような試験結果から最頻値を求めることは，それほど多くないかもしれません。ただ，1（まったくそう思わない）から5（強くそう思う）といった5段階のアンケート結果などを分析する場合には，最頻値を計算することがあるでしょう。

また，話の本筋からは少し外れますが，上記のコードの table 関数の実行結果を見て，合格ラインを（再）設定することが可能です。たとえば，当初は 60 点以上を「合格」と設定していたものの，合格点をわずかに下回る点数の学習者が多く出てきたとします。そのような場合，59 点以上を合格ラインにするか，58 点以上を合格ラインにするか，57 点以上を合格ラインにするかを判断するのに，table 関数の実行結果は便利です[3]。

2.4 最小値・最大値・範囲

テスト結果の概要を把握するにあたって，平均値や中央値のような代表値を見るだけでは十分ではありません。代表値はデータの「中心」を表す指標であり，個々の値が「中心」からどれくらいばらついているのかを示すものではありません。データの「ばらつき」を表す指標にはさまざまなものがありますが，その中で最も簡単な指標は，**最小値**と**最大値**です。テスト結果の場合，最小値と最大値は，最低点と最高点となります。

R で最小値と最大値を求める場合は，min 関数と max 関数を使います。

```
> # 100名の学習者の期末試験結果の最小値
> min(dat$score)
[1] 21
```

---

[3] 試験が終わったあとで恣意的に合格ラインを変えるのはよくないという考えもあるかもしれません。しかし，実際の教育現場では，このような処理が必要になる場面が少なからずあると考えます。

```
> # 100名の学習者の期末試験結果の最大値
> max(dat$score)
[1] 96
```

また，range 関数を用いると，最小値と最大値をまとめて求めることができます。

```
> # 最小値と最大値をまとめて計算
> range(dat$score)
[1] 21 96
```

そして，最大値から最小値を引くと，個々のデータがばらついている範囲がわかります。

$$範囲 ＝ 最大値 － 最小値 \qquad (2.2)$$

今回のデータに関しては，以下のように，最高点の学習者が最低点の学習者よりも 75 点高い点数をとっています。

```
> # データがばらついている範囲（最大値−最小値）
> max(dat$score) - min(dat$score)
[1] 75
```

2.5　分散・標準偏差

統計学では，データのばらつきを表す際に，**分散**という指標がよく用いられます。分散は，個々のデータが平均値からどれほど離れているか（ばらついているか）を要約する指標で，式 (2.3) で求められます。

$$分散 ＝ \frac{（平均値－個々のデータ）^2 の合計}{データの個数－1} \qquad (2.3)$$

式 (2.3) の分子では，「平均値 － 個々のデータ」を単純に足し合わせずに，2 乗してから合計しています。これは，「平均値 － 個々のデータ」の計算結果は，正の値になる（＝データが平均値よりも小さい）場合と負の値になる（＝データ

が平均値よりも大きい）場合があり，単純に合計すると，正の値と負の値が打ち消しあってしまうからです。そこで，「平均値 − 個々のデータ」を 2 乗して，すべての計算結果を正の値にすることで，「個々のデータが平均値からどれほど離れているか」を調べています。そして，そのように求めた「(平均値 − 個々のデータ)^2 の合計」を「データの個数 −1」で割ることで分散を求めます[4]。

R で分散を求める場合は，var 関数を使います。分散は，その値が大きいほど，データのばらつきが大きいことを意味します。

```
> # 100名の学習者の期末試験結果の分散
> var(dat$score)
[1] 283.3207
```

このように分散は，データのばらつき具合を 1 つの数値で表現できる便利な指標です。しかし，分散には，その計算過程で 2 乗しているために，計算された値の解釈が難しいという欠点があります。そこで，分散の平方根をとることで，2 乗されたデータの単位を元に戻します[5]。分散の平方根をとった値を**標準偏差**（*SD*）と言います（式 (2.4)）。

$$標準偏差 = \sqrt{分散} \tag{2.4}$$

R で標準偏差を求める場合は，sd 関数を使います。標準偏差も，分散と同様に，その値が大きいほど，データのばらつきが大きいことを意味します[6]。

```
> # 100名の学習者の期末試験結果の標準偏差
> sd(dat$score)
```

---

[4] 式 (2.3) の分母が「データの個数」ではなく，「データの個数 −1」となっている理由については，本書の範囲を超えるために割愛します。詳しくは，統計学の教科書（e.g., 南風原，2002a；三中，2015）を参照。なお，このように「データの個数 −1」で割って求める分散を不偏分散と言います。

[5] 元のデータが「cm」という長さを表すものであった場合，2 乗すると，「cm^2」という面積を表すものになってしまいます。そこで，「cm^2」の平方根をとることで，「cm」という元の単位に戻すというイメージです。

[6] 標準偏差には，データを元の単位に戻す以外にも利点があります。それは，「平均値±標準偏差」の範囲に全データの 68.3%が分布し，「平均値±(標準偏差の 2 倍)」の範囲に全データの 95.4%が分布し，「平均値±(標準偏差の 3 倍)」の範囲に全データの 99.7%が分布すると解釈できるようになることです（e.g., 前田・山森，2004）。

```
[1] 16.83213
```

　分散も標準偏差もデータのばらつきを表す指標ですが，研究論文などで平均値を報告する場合は，標準偏差を一緒に報告するのが一般的です。

2.6　5 数要約・要約統計量

　前節で説明した分散と標準偏差は，平均値に基づく「ばらつき」の指標です。それに対して，四分位数（しぶんいすう）という中央値に基づく「ばらつき」も存在します。四分位数は，個々の値を小さい順に並び替えて，小さいほうから 25％，50％，75％の位置にある値のことです。そして，25％の位置にある値を第 1 四分位数，50％の位置にある値を第 2 四分位数（＝中央値），75％の位置にある値を第 3 四分位数と言います。さらに，この 3 つの値に 0％の位置にある値（＝最小値）と100％の位置にある値（＝最大値）を合わせて，5 数要約と言います。

　R で 5 数要約を求める場合は，quantile 関数を使います。データのばらつき具合を 5 つの値で確認することで，単に平均値や中央値といった 1 つの値だけを見る場合よりも，データの性質を深く理解することが可能になります。

```
> # 100名の学習者の期末試験結果の5数要約
> quantile(dat$score)
    0%    25%    50%    75%   100%
 21.00  51.00  62.50  74.25  96.00
```

　ちなみに，summary 関数を使うと，5 数要約と平均値をまとめて計算することができます。

```
> # 100名の学習者の期末試験結果の要約統計量（5数要約，平均値）
> summary(dat$score)
   Min. 1st Qu.  Median    Mean 3rd Qu.    Max.
  21.00   51.00   62.50   62.05   74.25   96.00
```

　また，psych パッケージ[†7] の describe 関数を用いて，データ数（n），平均値（mean），標準偏差（sd），中央値（median），調整平均（trimmed），中央絶対

†7　　　　https://CRAN.R-project.org/package=psych

偏差値（mad），最小値（min），最大値（max），範囲（range），歪度（skew），尖度（kurtosis），標準誤差（se）などをまとめて計算することも可能です[8]。

```
> # パッケージのインストール（初回のみ）
> install.packages("psych", dependencies = TRUE)
> # パッケージの読み込み
> library("psych")
> # 100名の学習者の期末試験結果の要約統計量（データ数，平均値，標準偏差，
> # 中央値，調整平均，中央絶対偏差値，最小値，最大値，範囲，歪度，尖度，
> # 標準誤差）
> describe(dat$score)
    vars    n   mean    sd  median  trimmed    mad  min  max
X1     1  100  62.05 16.83    62.5    62.45  17.05   21   96
   range   skew  kurtosis    se
X1    75  -0.19     -0.41  1.68
```

2.7 標準得点・偏差値

同じ 100 点満点のテストであっても，70 点という点数が持つ意味は，そのテストの難しさによって変わります。たとえば，平均点が 80 点のテストにおける 70 点は平均以下ですが，平均点が 60 点のテストにおける 70 点は平均以上です。

そこで，異なるテストの結果を比較する場合には，そのテストの難しさ（平均）と点数のばらつき具合（標準偏差）を考慮した**標準得点（z 得点）**を計算し，その標準得点を比較する必要があります。標準得点は，式 (2.5) で求められます[9]。

$$標準得点 = \frac{個々のデータ - 平均値}{標準偏差} \tag{2.5}$$

以下は，R で標準得点を計算するコードです。最初にデータの平均値と標準偏差を求め，それらを用いて標準得点を計算しています[10]。

---

[8] 紙面の都合上，本書で扱わない指標（調整平均，中央絶対偏差値，標準誤差）に関する説明は割愛します。また，歪度と尖度については，2.8 節で説明します。

[9] 元のデータの分布がどのようなものであれ，標準得点の平均値は 0，標準偏差は 1 となります。

[10] 1 行に表示されるデータ数は環境によって異なります。

```
> # データの平均値を計算
> score.mean <- mean(dat$score)
> score.mean
[1] 62.05
> # データの標準偏差を計算
> score.sd <- sd(dat$score)
> score.sd
[1] 16.83213
> # データの標準得点を計算
> (dat$score - score.mean) / score.sd
  [1]  0.294080373 -1.844685976  1.838744958
  [4]  0.709951607  0.769361784 -0.418841743
  [7]  1.660514429  1.007002489  0.412900726
 [10]  1.363463547 -0.478251920  0.056439668
   (省略)
[100] -2.379377563
```

また，scale 関数を使って，より簡単に標準得点を計算することも可能です。scale 関数の実行結果には，個々のデータの標準得点に加えて，データの平均値（62.05）と標準偏差（16.83213）も含まれています。

```
> # データの標準得点を計算（scale関数を使用）
> scale(dat$score)
               [,1]
  [1,]  0.294080373
  [2,] -1.844685976
  [3,]  1.838744958
  [4,]  0.709951607
  [5,]  0.769361784
   (省略)
attr(,"scaled:center")
[1] 62.05
attr(,"scaled:scale")
[1] 16.83213
```

そして，入学試験などでよく用いられる**偏差値**は，標準得点を 10 倍して，50 を足した値です。標準得点を 10 倍して，50 を足すことで，偏差値の平均値は 50，標準偏差は 10 となります。

$$偏差値 = 標準得点 \times 10 + 50 \tag{2.6}$$

以下は，Rで偏差値を計算するコードです。

```
> # データの偏差値を計算
> ((dat$score - mean(dat$score)) / sd(dat$score)) * 10 + 50
 [1] 52.94080 31.55314 68.38745 57.09952 57.69362
 [6] 45.81158 66.60514 60.07002 54.12901 63.63464
[11] 45.21748 50.56440 45.81158 39.27646 33.33545
 (省略)
```

また，scale関数で標準得点を求めると，以下のように，より短いコードで偏差値を計算することができます。その場合は，個々のデータの偏差値に加えて，データの平均値（62.05）と標準偏差（16.83213）も表示されます。

```
> # データの偏差値を計算（scale関数を使用）
> scale(dat$score) * 10 + 50
           [,1]
 [1,] 52.94080
 [2,] 31.55314
 [3,] 68.38745
 [4,] 57.09952
 [5,] 57.69362
   (省略)
attr(,"scaled:center")
[1] 62.05
attr(,"scaled:scale")
[1] 16.83213
```

2.8 歪度・尖度

　データの分布の特徴を表す指標として，平均や標準偏差だけでなく，**歪度**と**尖度**を確認することがあります。簡単に言うと，歪度は分布の歪み具合（非対称の度合い）を表し，尖度は分布の尖り具合（ピークの高さ）を表します[†11]。**図 2.1**を見てください。図中の（1）と（2）の分布は完全に左右対称となっていて，歪度は同じです。しかし，（1）は（2）よりも尖っていて，尖度が大きくなっています。そして，（3）は，（1）と（2）よりも歪度が大きく（分布が左側に偏っ

---

†11　歪度と尖度の詳細については，東京大学教養学部統計学教室（1991）などを参照。

ている），（1）と（2）の中間の尖度となっています。

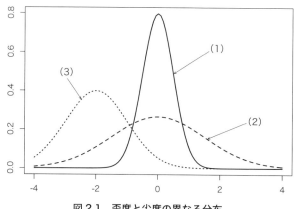

図 2.1　歪度と尖度の異なる分布

　R で歪度と尖度を計算する方法は複数ありますが，ここでは，psych パッケージの skew 関数と kurtosi 関数を使います。

```
> # 歪度
> skew(dat$score)
[1] -0.1899861
> # 尖度
> kurtosi(dat$score)
[1] -0.4103217
```

　歪度が 0 よりも大きい場合は左側に偏った（右の裾が長い）分布，0 よりも小さい場合は右側に偏った（左の裾が長い）分布となります。そして，尖度が 0 よりも大きい場合は尖りが急で裾の長い分布，0 よりも小さい場合は尖りが緩やかで裾の短い分布であると解釈します[12]。

　ここまで本章では，テストの点数を統計的に処理して，テスト結果の概要を把握するための記述統計量について学んできました。続く 3 章では，学部別やクラス別の比較を行うための層別分析，データの概要を視覚的に把握するために可視化の方法を紹介します。

---

[12]　尖度には，0 を基準とするもの，3 を基準とするものなど，複数の定義が存在します。

3章

層別分析・可視化
──クラスごとの傾向を視覚的に把握したい──

　本章では，学習者が所属する学部別，クラス別，男女別，担当教員別
などに細かく分けて比較する層別分析を扱います。また，ヒストグラ
ム，箱ひげ図，蜂群図，平均値 ± 標準偏差のプロットなどによる可視
化の方法を紹介します。

3.1　層別分析の考え方

　データ分析の基本は，何かと何かを比べることです。単一のデータだけから画
期的な結論を導くのは困難です。たとえば，ある学習者の期末試験の結果が 70
点だったとします。この「70 点」という点数をとった学習者が優秀かどうかは，
他の学習者たちの点数と比較しないとわかりません。また，その学習者の学力が
向上したかを知るためには，同じ学習者の過去の試験結果と比べる必要があるで
しょう。

　「何かと何かを比べる」ことの重要性は，個人の分析だけでなく，集団の分析
にも当てはまります。仮に，3,000 名の学習者が受験した TOEIC Listening &
Reading Test の結果が手もとにあるとします。そして，3,000 名の平均点が 515
点だったとします。このような集団全体の平均点を見ることにも意味はあります
が，手もとのデータを学習者が所属する学部別・学科別，入学年度別，入学形式
別，担当教員別などに細かく分けて比較すると，単に集団全体を分析する場合よ
りも多くの情報を得ることができます。このように収集したデータをグループ分
けして，グループごとに分析することを**層別分析**と言います。

3.2 分析データ

　ここでは，**表3.1**のようなデータを例として考えます。この表における"student"は個々の学習者のID，"class"はクラス，"prof"は担当教員，"sex"は性別，"faculty"は学部，"score"はテストの点数をそれぞれ表しています。このようなデータがある場合，単に学習者全員の平均点などを計算するだけでなく，クラス，担当教員，性別，学部ごとに点数を比較することができます。

表3.1　クラスや担当教員などの情報がついている成績データ

student	class	prof	sex	faculty	score
S001	A	P03	M	F01	86
S002	A	P03	F	F01	96
S003	A	P03	M	F01	52
S004	A	P03	F	F01	72
S005	A	P03	F	F01	74
…	…	…	…	…	…
S790	S	P09	F	F08	86

　まずは，この成績データ（本書付属データに含まれている data_ch3.csv）をRに読み込んで，データの概要を確認します。

```
> # CSVファイルの読み込み（ヘッダーがある場合）
> # data_ch3.csvを選択
> dat <- read.csv(file.choose(), header = TRUE)
> # 読み込んだデータの冒頭の確認
> head(dat)
  student class prof sex faculty score
1    S001     A  P03   M     F01    86
2    S002     A  P03   F     F01    96
3    S003     A  P03   M     F01    52
4    S004     A  P03   F     F01    72
5    S005     A  P03   F     F01    74
6    S006     A  P03   M     F01    90
> # 行数と列数の確認
> dim(dat)
[1] 790   6
> # クラス別の学習者数
> table(dat$class)
```

```
   A  B  C  D  E  F  G  H  I  J  K  L  M  N  O  P  Q  R  S
  29 28 27 34 34 36 38 46 44 46 53 54 46 46 46 47 46 44 46
> # 担当教員別の学習者数
> table(dat$prof)
P01 P02 P03 P04 P05 P06 P07 P08 P09
 89  80 165 112  80  71  46 101  46
> # 男女別の学習者数
> table(dat$sex)
  F   M
236 554
> # 学部別の学習者数
> table(dat$faculty)
F01 F02 F03 F04 F05 F06 F07 F08 F09
 48  36 111  74  68  53  21 243 136
> # scoreの記述統計量
> summary(dat$score)
   Min. 1st Qu.  Median    Mean 3rd Qu.    Max.    NA's
  24.00   60.00   72.00   70.63   82.00  100.00      22
```

　上記の結果を見ると，データの行数が790であることから，このデータに含まれる学習者数が790名であることがわかります。また，点数（score）の記述統計量を見ると，最低点（Min.）が24点で，最高点（Max.）が100点，平均点（Mean）が70.63点であることがわかります。そして，ここで注意すべきなのは，summary関数の結果に22個の**欠損値**（NA's）が含まれている点です。つまり，何らかの理由でこのテストを受けなかった学習者が22名いるということです。

　テストを受けなかった学習者の点数（欠損値）の扱いには，いくつかの方法が存在します。ここでは，シンプルにテストを受けなかった学習者のデータを除外するという方法をとります。Rで欠損値を含む行，すなわちテストを受けなかった学習者のデータを削除するには，na.omit関数を使います[†1]。

```
> # 欠損値（NA）を含む行を削除
> dat.2 <- na.omit(dat)
> # 行数と列数の確認
> dim(dat.2)
[1] 768   6
```

---

†1　このようにna.omit関数で欠損値を含む行を削除する場合は，CSVファイルの空欄（欠損値）にNAと記入しておくか，空欄のままにしておきます。

```
> # scoreの記述統計量（欠損値を除外した場合）
> summary(dat.2$score)
   Min. 1st Qu.  Median    Mean 3rd Qu.    Max.
  24.00   60.00   72.00   70.63   82.00  100.00
```

　上記の実行結果を見ると，行数（学習者数）が 768 となっており，score の記述統計量から欠損値（NA's）がなくなっています。これは，テストを受けなかった 22 名分のデータが除外されたことを意味しています。

　なお，参考までに，テストを受けなかった学習者のデータを除外するのではなく，0 点として記述統計量の計算などに利用する方法も紹介しておきます。欠損値を 0 に置換するには，is.na 関数で欠損値のある位置を特定し，そのセルを 0 という値で上書きします。

```
> # データのコピー
> dat.3 <- dat
> # 欠損値を0に置換
> dat.3$score[is.na(dat.3$score)] <- 0
> # 行数と列数の確認
> dim(dat.3)
[1] 790    6
> # scoreの記述統計量（欠損値を0に置換した場合）
> summary(dat.3$score)
   Min. 1st Qu.  Median    Mean 3rd Qu.    Max.
   0.00   60.00   71.00   68.66   82.00  100.00
```

　上記の実行結果を見ると，行数（学習者数）は 790 のままですが，最低点が 0 点となっていて，平均点も 68.66 点まで下がっています（データ中に 0 点の学習者が増えた結果，平均点が下がりました）。

3.3　ヒストグラム

　数十名分，数百名分といった大量の成績データが手もとにある場合，まずは，データを**可視化**するのが一般的です。データを可視化することで，単純に平均値を求めたり，検定（4 章）などの統計処理を行ったりするだけではわからないデータの性質が明らかになります。

　ここで，極端な例を1つ見てみましょう。ある学校の4つのクラス（A〜D組）で英語の期末試験を行った結果，すべてのクラスの平均点が55点でした。では，学習者の学力を向上させるためにすべてのクラスの学習者に同じ教育をすればよいかというと，必ずしもそうとは限りません。**図3.1**は，A〜D組の得点分布を**ヒストグラム**で可視化した結果です。ヒストグラムとは，データが分布する範囲をいくつかの区間に分け，それぞれの区間に含まれるデータの数を棒の高さで表現するグラフです。

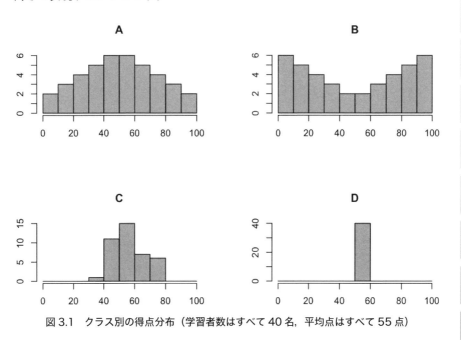

図3.1　クラス別の得点分布（学習者数はすべて40名，平均点はすべて55点）

　図3.1のヒストグラムを見ると，すべてのクラスの平均点がまったく同じであるにもかかわらず，得点分布の形は大きく異なっています。具体的には，A組やB組は，C組やD組よりも学力のばらつきが大きいです。また，B組では，他の3クラスと違って，できる学習者とできない学習者の二極化が見られます。そして，D組では，40名全員が平均点付近の50〜60点をとっています。これは極端な例ですが，グラフを描くことでデータの性質を視覚的に確認することは，非常に重要なことです。

　では，前節で読み込み，欠損値を含む行を削除したデータ（dat.2）を使っ

て，実際にヒストグラムを描いてみましょう。最初は，（欠損値を除いた）768名全員の点数を使って可視化します。Rでヒストグラムを描くには，hist関数を使います。

```
> # ヒストグラムの描画
> hist(dat.2$score)
```

上記のコードを実行すると，**図3.2**のようなヒストグラムが表示されます。グラフのタイトルや軸のラベルは，自動的にHistogram of dat.2$scoreなどと設定されていますが，これらを変更することも可能です。hist関数の引数mainでタイトルを，引数xlabで横軸のラベルを，引数ylabで縦軸のラベルをそれぞれ変更することができます（**図3.3**）。

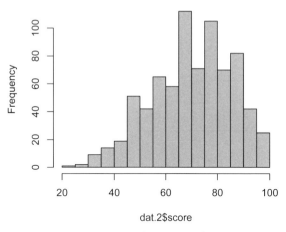

図3.2　シンプルなヒストグラム

```
> # ヒストグラムのタイトルと軸ラベルを変更
> hist(dat.2$score, main = "Final Exam", xlab = "score",
+ ylab = "number of students")
```

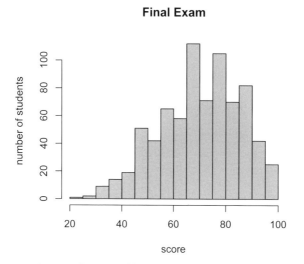

図 3.3　タイトルと軸ラベルを変更したヒストグラム

また，引数 col でグラフの色を変えることもできます。以下の例（**図 3.4**）では white を指定していますが，他にもさまざまな色を利用することが可能です。コンソールに colors() と入力すると，数百色のオプションの一覧が表示されます。

```
> # ヒストグラムの色を変更
> hist(dat.2$score, main = "Final Exam", xlab = "score",
+ ylab = "number of students", col = "white")
> # Rで使える色の確認
> colors()
  [1] "white"             "aliceblue"
  [3] "antiquewhite"      "antiquewhite1"
  [5] "antiquewhite2"     "antiquewhite3"
  [7] "antiquewhite4"     "aquamarine"
  [9] "aquamarine1"       "aquamarine2"
  （省略）
```

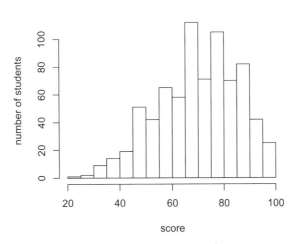

図 3.4　色を変更したヒストグラム

　次に，男女別の得点分布を比較してみましょう。層別のヒストグラムを描く方法は複数ありますが，ここでは，lattice パッケージ[†2] の histogram 関数を使います。

```
> # パッケージのインストール（初回のみ）
> install.packages("lattice", dependencies = TRUE)
> # パッケージの読み込み
> library("lattice")
> # 男女別の得点分布の比較
> histogram(~ score | sex, data = dat.2)
```

　上記のコードを実行すると，**図 3.5** のようなヒストグラムが表示されます。この図を見る限り，男女による大きな点数の差はないようです。

　同様に，histogram 関数を使って，クラス別，担当教員別，学部別などの比較を行うこともできます。以下は，ヒストグラムによる学部別の得点分布の比較です。

---

†2　　https://CRAN.R-project.org/package=lattice

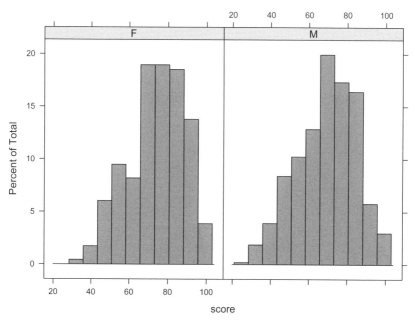

図 3.5 ヒストグラムによる男女別の得点分布の比較

```
> # 学部別の得点分布の比較
> histogram(~ score | faculty, data = dat.2)
```

　上記のコードを実行すると，**図 3.6** のようなヒストグラムが表示されます[†3]。そして，この図を見ると，F01 や F07 と表記されている学部は 80 点以上をとる学習者の割合が他の学部よりも高いことがわかります。このように，比較対象がいくつあっても一度にすべてを描画してくれるため，この関数は非常に便利です。

[†3]　図中のパネル（ここでは学部）を任意の順番に並び替えたい場合は，histogram 関数の引数 index.cond で指定します。https://stackoverflow.com/questions/6358865/how-to-change-the-order-of-the-panels-in-simple-lattice-graphs（2020/6/18 閲覧）

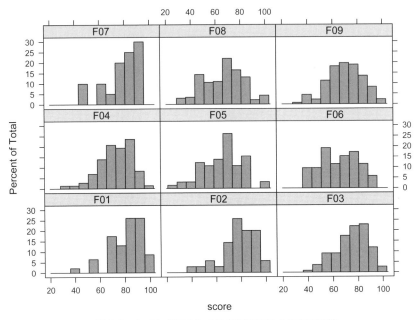

図 3.6　ヒストグラムによる学部別の得点分布の比較

3.4　箱ひげ図

　本節では，**箱ひげ図**を説明します。箱ひげ図では，最小値，下側ヒンジ（中央値よりも小さい値の中央値），中央値，上側ヒンジ（中央値よりも大きい値の中央値），最大値という5つの要約統計量が可視化されるため，データのばらつき具合を直感的に理解することができます[†4]。

　R で箱ひげ図を描くには，boxplot 関数を使います。**図 3.7** は，前節でも用いた 768 名分の点数データを使って，箱ひげ図を描いた例です。なお，この図では，ひげの下限よりも下に外れ値が1つプロットされています。boxplot 関数を用いた場合，「第3四分位数 +（第3四分位数 − 第1四分位数）× 1.5 よりも大きい値」，もしくは「第1四分位数 −（第3四分位数 − 第1四分位数）× 1.5 よりも小さい値」が外れ値と見なされ，ひげの上限（もしくは下限）の外側に○で

[†4]　上側ヒンジと下側ヒンジは，第3四分位数と第1四分位数（2.6 節参照）の一種です。

プロットされます^{†5}。

```
> # シンプルな箱ひげ図の描画
> boxplot(dat.2$score)
```

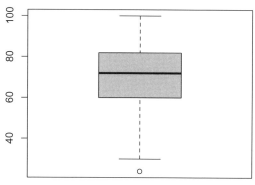

図 3.7　シンプルな箱ひげ図

箱ひげ図の作成に用いられている要約統計量は，boxplot.stats 関数で確認することができます。この関数の出力では，$stats における 5 つの値がそれぞれデータの最小値，下側ヒンジ，中央値，上側ヒンジ，最大値に対応しています。

```
> # 箱ひげ図の作成に用いられている要約統計量の確認
> boxplot.stats(dat.2$score)
$stats
[1]  30  60  72  82 100
  （省略）
```

また，ヒストグラムの場合と同様に，引数 main でグラフのタイトルを，引数 col で箱の色を変更することができます（**図 3.8**）。

```
> # 箱ひげ図のタイトルと色を変更
> boxplot(dat.2$score, main = "Final Exam", col = "white")
```

---

†5　boxplot(dat.2$score, range = 0) のように，引数 range で 0 を指定すると，外れ値を表示しなくなります。

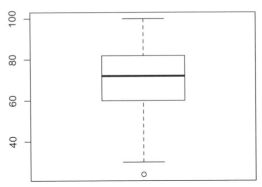

図 3.8　タイトルと色を変更した箱ひげ図

　続いて，箱ひげ図による層別分析をしてみましょう。たとえば，boxplot 関数でクラス別の点数を比較するには，以下のようなコードを書きます。

```
> # クラス別の箱ひげ図
> boxplot(dat.2$score ~ dat.2$class)
```

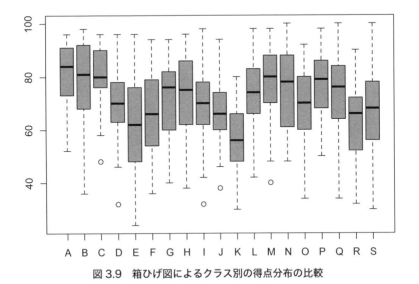

図 3.9　箱ひげ図によるクラス別の得点分布の比較

上記のコードを実行すると，**図 3.9** のような箱ひげ図が表示されます。この図を見ると，A 〜 C クラスの点数が高く，K クラスの点数が最も低いことなどがわかります。ちなみに，グラフの縦軸のスケールを変える場合は，引数 ylim で下限と上限の値を指定します。**図 3.10** は，縦軸のスケールを 0 〜 100 に変更した例です。

```
> # 箱ひげ図の縦軸のスケールを変更
> boxplot(dat.2$score ~ dat.2$class, ylim = c(0, 100))
```

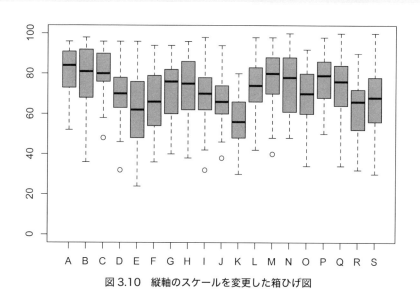

図 3.10　縦軸のスケールを変更した箱ひげ図

また，boxplot 関数の引数 notch で TRUE を指定すると，箱ひげ図の箱にノッチ（V 字の切り込み）が入ります。この切り込みの両端は，「データの中央値 $\pm 1.58 \times$（第 3 四分位数 − 第 1 四分位数）/ データの個数の平方根」の値となります。大まかに，2 つの箱ひげ図を比較するとき，この切り込みがオーバーラップしていなければ，その 2 つのグループの中央値に統計的に有意な差があるということになります[†6]。

[†6]　厳密に言えば，箱ひげ図のノッチがオーバーラップしていても有意差（4 章）が存在する場合もあります。したがって，ノッチはあくまで目安だと考えてください。詳しくは，boxplot 関数および boxplot.stats 関数のヘルプなどを参照してください。また，分析データの数が少ない場合，警告メッセージが出ることもあります。

```
> # ノッチを入れた箱ひげ図
> boxplot(dat.2$score ~ dat.2$class, ylim = c(0, 100),
+ notch = TRUE)
```

図 **3.11** は，ノッチ入りの箱ひげ図を描いた結果です。この図を見ると，たとえば，A クラスと B クラスのノッチはオーバーラップしていますが（統計的に有意な中央値の差がない），C クラスと D クラスのノッチはオーバーラップしていない（統計的に有意な中央値の差がある）ことがわかります。

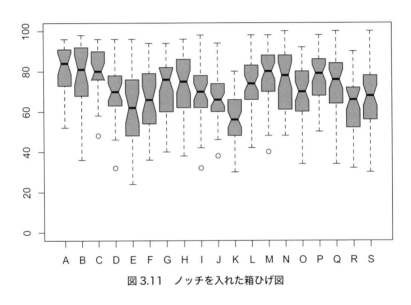

図 3.11 ノッチを入れた箱ひげ図

3.5 蜂群図

本節では，蜂群図を説明します。蜂群図は，個々のデータを蜂の群のようにプロットするグラフです。R で蜂群図を描くには，beeswarm パッケージ[†7] の beeswarm 関数を使います。図 **3.12** は，クラス別の得点を蜂群図で描いた結果です。なお，描画にあたっては，引数 pch で 16 を指定し，プロットされる点を●という形に指定しています。また，引数 cex で 0.5 を指定し，プロットされる点の大きさをデフォルトの 0.5 倍にしています。

---

†7　　https://CRAN.R-project.org/package=beeswarm

```
> # パッケージのインストール（初回のみ）
> install.packages("beeswarm", dependencies = TRUE)
> # パッケージの読み込み
> library("beeswarm")
> # 蜂群図の描画
> beeswarm(dat.2$score ~ dat.2$class, ylim = c(0, 100),
+ pch = 16, cex = 0.5)
```

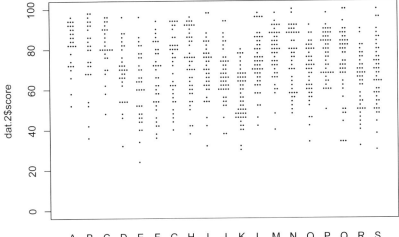

図 3.12　蜂群図

　このような蜂群図だけを眺めても，あまり有益な情報は得られないかもしれません。蜂群図は，箱ひげ図に重ねて描くことが多いです。前述のように，箱ひげ図は最小値，下側ヒンジ，中央値，上側ヒンジ，最大値という5つの要約統計量に情報が圧縮されているため，個々のデータに関する情報が失われています。しかし，個々のデータの位置を示す蜂群図を箱ひげ図に重ねることで，「木を見て森を見ず」にも「森を見て木を見ず」にもならず，「木」（個々のデータ）と「森」（要約統計量）の両方を見ることができます。**図 3.13** は，箱ひげ図に蜂群図を重ねて描いた結果です。その際，beeswarm 関数の引数 add で TRUE を指定すると，図を重ねて描くことができるようになります。

```
> # 箱ひげ図に蜂群図を重ねて描画
> boxplot(dat.2$score ~ dat.2$class, ylim = c(0, 100))
> beeswarm(dat.2$score ~ dat.2$class, ylim = c(0, 100),
+ pch = 16, cex = 0.5, add = TRUE)
```

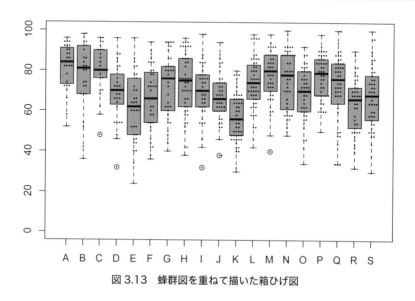

図 3.13　蜂群図を重ねて描いた箱ひげ図

3.6　平均値 ± 標準偏差のプロット

　最後に，**平均値±標準偏差のプロット**の説明をします。3.4 節と 3.5 節で扱っ
てきた箱ひげ図は中央値に基づく可視化の手法ですが，教育現場では，平均値に
基づく議論がなされることも多いでしょう。そのような場合は，平均値 ± 標準
偏差のプロットを使うことができます。R で平均値 ± 標準偏差のプロットを描
くには，gplots パッケージ [8] の plotmeans 関数を使います。**図 3.14** は，平均
値 ± 標準偏差のプロットでクラス別の点数を比較した結果です。

```
> # パッケージのインストール (初回のみ)
> install.packages("gplots", dependencies = TRUE)
> # パッケージの読み込み
> library("gplots")
```

---

[8]　　https://CRAN.R-project.org/package=gplots

```
> # 平均値±標準偏差のプロット
> plotmeans(dat.2$score ~ dat.2$class)
```

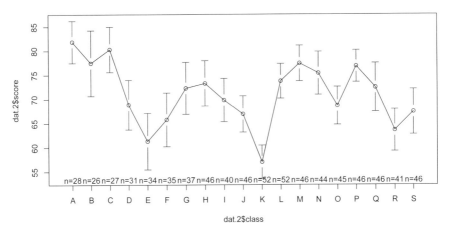

図 3.14　平均値 ± 標準偏差のプロットによるクラス別の得点分布の比較

　図 3.14 では，中央の○が各クラスの平均値を表していて，その上下に伸びた
線が標準偏差を表しています。なお，hist 関数などと同様に，引数 main でタ
イトル，引数 xlab で横軸のラベル，引数 ylab で縦軸のラベルを指定すること
もできます（**図 3.15**）。

```
> # 平均値±標準偏差のプロットの軸ラベルとタイトルを変更
> plotmeans(dat.2$score ~ dat.2$class, main = "Final Exam",
+ xlab = "class", ylab = "score")
```

　ちなみに，各クラスの平均値と標準偏差を求める場合には，tapply 関
数などを使います。この関数を用いて，以下の tapply(dat.2$score,
dat.2$class, mean) や tapply(dat.2$score, dat.2$class,
sd) における class を faculty や prof に書き換えれば，学部ごとや担当
教員ごとの平均値と標準偏差を計算することができます。

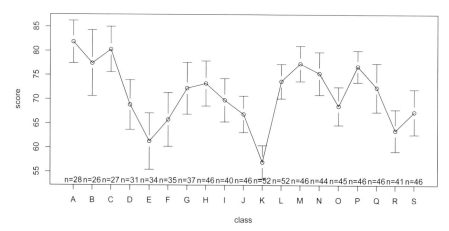

図 3.15　タイトルと軸ラベルを変更した平均値 ± 標準偏差のプロット

```
> # 各クラスの平均値
> tapply(dat.2$score, dat.2$class, mean)
       A        B        C        D        E        F
81.85714 77.46154 80.29630 68.83871 61.29412 65.77143
       G        H        I        J        K        L
72.27027 73.26087 69.80000 66.91304 57.00000 73.73077
       M        N        O        P        Q        R
77.39130 75.36364 68.62222 76.82609 72.43478 63.56098
       S
67.39130
> # 各クラスの標準偏差
> tapply(dat.2$score, dat.2$class, sd)
       A        B        C        D        E        F
11.26027 16.83385 11.89316 13.98832 16.73235 16.19565
       G        H        I        J        K        L
16.11185 15.74440 13.98021 12.64002 12.36377 12.87057
       M        N        O        P        Q        R
12.35670 14.59387 13.08589 11.11216 16.97011 13.72962
       S
15.78111
```

また，psych パッケージの describeBy 関数を使うと，クラスごとのデータ数（n），平均値（mean），標準偏差（sd），中央値（median），調整平

(trimmed)，中央絶対偏差値（mad），最小値（min），最大値（max），範囲（range），歪度（skew），尖度（kurtosis），標準誤差（se）などをまとめて計算することができます。

```
> # パッケージの読み込み
> library("psych")
> # クラスごとの記述統計量
> describeBy(dat.2$score, dat.2$class)

 Descriptive statistics by group
group: A
    vars  n  mean    sd median  trimmed   mad  min  max
X1     1 28 81.86 11.26     84       83 11.86   52   96
    range  skew kurtosis   se
X1     44 -0.91     0.07 2.13
------------------------------------------
group: B
    vars  n  mean    sd median trimmed   mad min max
X1     1 26 77.46 16.83     81   79.09 16.31  36  98
    range  skew kurtosis  se
X1     62 -0.85    -0.11 3.3
------------------------------------------
group: C
    vars  n mean    sd median trimmed   mad min max
X1     1 27 80.3 11.89     80    81.3 14.83  48  96
    range  skew kurtosis   se
X1     48 -0.82     0.21 2.29
------------------------------------------
    (省略)
```

　ここまで本章では，学部別やクラス別の比較を行うための層別分析，データの概要を視覚的に把握するために可視化の方法について学んできました。続く4章では，2つのテスト結果を比較して有意差があるかを検定するための方法を紹介します。

4章

t 検定
——2つのテスト結果を比較したい——

本章では，推測統計のうち，異なる2つのグループのテスト結果を比較するときに用いる独立した（対応のない）t 検定と，事前・事後テストの分析に用いる対応のある t 検定を紹介します。また，具体例とともに，結果の可視化の重要性についても説明します。

4.1 推測統計

前章までは，手もとにあるデータを何らかの数値に要約したり，グラフを用いて可視化したりして，データの概要を把握しました。これは，記述統計と呼ばれる方法です。一方，手もとのデータの結果を（統計的に）一般化できるかということに関心がある場合，より大きなデータの性質を推測する必要があります。そのような場合に用いる手法を**推測統計**と呼びます。**図 4.1** は推測統計における母集団と標本の関係を示したものです。母集団すべてのデータを収集するのは現実的ではないため，母集団から無作為抽出された手もとの標本を用いて，母集団の数値（平均値など）を推定します。たとえば，教育現場では，A 大学の学生全体 5,000 名（母集団）の英語力を調べるのに，無作為抽出した 100 名（標本）を分析したりします。そして，その 100 名の分析結果を一般化することで，5,000 名の英語力を推定します[†1]。

---

†1　その際，無作為抽出が非常に重要となります。仮に特定の学部の学生ばかりが標本に含まれている場合，標本から得られた分析結果を想定している母集団（大学の学生全体）に一般化するのは適切ではありません。同様に，特定の大学から得られた結果を「日本人大学生全体」といったレベルに一般化するのも不適切です。

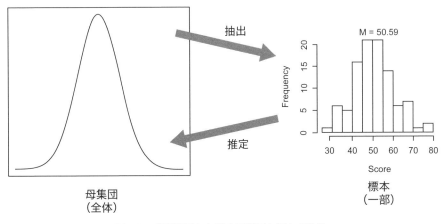

図4.1　推測統計における母集団と標本の関係

4.2　検定の考え方

推測統計では，

① 平均値や頻度に差があるのかを推定する**検定**

② 複数のデータの関係の強さを調べる**相関**（7章）

の2つが主に使用されます。まず，ここでは，2つの異なるグループ（群）のテストの平均値に差があるかを比べる *t* **検定**を例にして，検定のコンセプトを説明します。

t 検定では，はじめに，2つのグループのテストの平均値に「差がない」と仮説を立てます[†2]。なぜ「差がある」ことを確認したいのに「差がない」という仮説を立てるかというと，**図4.2** に示しているように，同じ母集団で同じ平均値と分散（3章）を持つ2つの母集団から2つの標本を抽出し，得られた標本であるAとBの間に見られる差がどの程度の確率で起き得るものかを計算するためです。

---

†2　これを**帰無仮説**と呼びます。

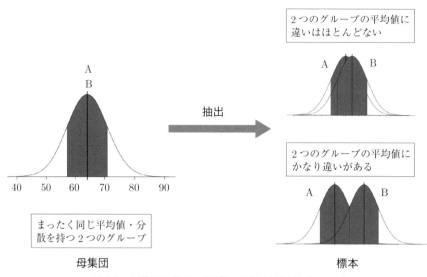

図 4.2　母集団から 2 つのグループを抽出するイメージ

その確率の計算のために，2 つのグループの分散が等しいと仮定できる場合には，式 (4.1) を用いて，t 値を求めます。

$$t = \frac{\text{群A平均値} - \text{群B平均値}}{\sqrt{\dfrac{(\text{群A人数}-1)\text{群A分散}+(\text{群B人数}-1)\text{群B分散}}{(\text{群A人数}+\text{群B人数})-2}\left(\dfrac{1}{\text{群A人数}} + \dfrac{1}{\text{群B人数}}\right)}} \quad (4.1)$$

難しい数式に見えるかもしれませんが，式 (4.1) では，それぞれのグループ（群）の①人数，②平均値，③分散，の 3 つしか使っていません。これは，「これだけの人数[†3] で，平均値の差がこの程度であれば，2 つのグループの母集団で差がない場合（図 4.2 の左）に，このような分布になるはずである」というモデル（t 分布）があり，算出された t 値が 0 であれば，2 つのグループの平均値にまったく差がないことになります。そして，t 値が大きくなるほど，2 つのグループの平均値に差があると判断します。そのような判断を行うために，t 値から p 値（probability の p）を求めます。p 値は，平均値に差がない母集団から抽出されたという前提の「差がない確率」で，0 から 1 の値になります。一般的に p 値が 0.05 以上（$p \geq 0.05$）のときには「統計的に有意な差はない」と判断し，p 値が

---

†3　　t 値の推定では，**自由度**と呼ばれます

0.05 未満（$p < 0.05$）のときには「統計的に有意な差がある」という結果になります。ここで，この 0.05（5%）は任意に設定する値であり，有意な差があるかどうかの水準ですので，**有意水準**と呼ばれます。

　平均値に差がない母集団から抽出された 2 つのグループと仮定しているため，平均値の差を表す t 値が大きく，p 値が 0.05 未満である場合には，「母集団における平均値の差がない確率がとても低い」（つまり，差がある）ということになるのが t 検定の考え方です。推測統計における検定はすべて，この「母集団で差がない」という前提のもと，仮定しているモデルから手もとのデータがどの程度ずれているかを数値化するものです。

4.3　独立した（対応のない）t 検定

　ここでは，**表 4.1** のようなデータを例として考えます。この表における "student" は個々の学習者の ID，"class" はクラス，"sex" は性別，"score" はテストの点数をそれぞれ表しています。ここでは，クラス A とクラス B の点数（平均値）に統計的に差があるかを確認します。クラス A とクラス B の点数では，同じテストを 2 度受けた学習者がいないため，独立した（対応のない）データの比較を行います。このような 2 つの平均値を比べる場合には，独立した（対応のない）t 検定を用います[†4]。

表 4.1　クラスや性別などの情報がついている成績データ

student	class	sex	score
S001	A	M	82
S002	A	M	60
S003	A	M	66
...	...	...	...
S069	B	F	76
S070	B	M	86
S071	B	F	82

　まず，表 4.1 の成績データ（本書付属データに含まれている data_ch4-1.

[†4]　実際のデータ分析では，すぐに t 検定を実行するのではなく，データの概要を確認し，データの可視化などを行うことが大切です（2 章，3 章を参照）。

57

csv）を R に読み込んで，データの概要を確認します。

```
> # CSVファイルの読み込み（ヘッダーがある場合）
> # data_ch4-1.csvを選択
> dat <- read.csv(file.choose(), header = TRUE)
> # 読み込んだデータの冒頭の確認
> head(dat)
  student class sex score
1   S001     A   M    82
2   S002     A   M    60
3   S003     A   M    66
4   S004     A   F    84
5   S005     A   M    78
6   S006     A   F    82
> # 行数と列数の確認
> dim(dat)
[1] 71  4
> # 読み込んだ4列のデータのうちNAのある行を削除
> dat.2 <- na.omit(dat)
> # NAのある行を削除したデータの冒頭を確認
> head(dat.2)
  student class sex score
1   S001     A   M    82
2   S002     A   M    60
3   S003     A   M    66
4   S004     A   F    84
5   S005     A   M    78
6   S006     A   F    82
> # NAのある行を削除したデータの行数と列数の確認
> dim(dat.2)
[1] 70  4
> # クラス別の学習者数
> table(dat.2$class)
 A  B
33 37
> # クラス別の男女の学習者数
> table(dat.2$class, dat.2$sex)
     F  M
  A 10 23
  B 22 15
```

　上記の実行結果によれば，データから欠損値を削除したあとの学生数は，クラ

ス A が 33 名で，クラス B が 37 名です。また，クラス A では女子が 10 名で男子が 23 名，クラス B では女子が 22 名で男子が 15 名です。

次に，ヒストグラムと，箱ひげ図に個人の得点分布を重ねた蜂群図を描くことで，クラス別の得点分布を比較します（これらの可視化方法については，3 章を参照）。図 **4.3** と図 **4.4** は，その結果です。

```
> # パッケージの読み込み
> library("lattice")
> library("beeswarm")
> # クラス別の得点分布の比較（ヒストグラム）
> histogram(~ score | class, data = dat.2)
> # クラス別の得点分布の比較（箱ひげ図と蜂群図）
> boxplot(dat.2$score ~ dat.2$class, ylim = c(0, 100),
+ main = "Result of the Exam", xlab = "class", ylab = "score")
> beeswarm(dat.2$score ~ dat.2$class, ylim = c(0, 100),
+ pch = 16, add = TRUE)
```

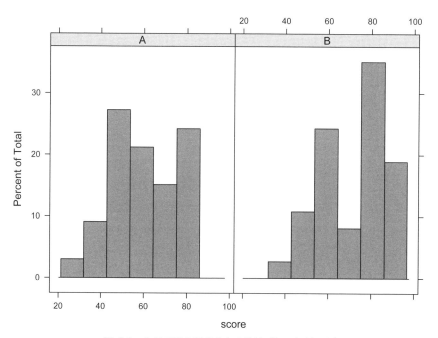

図 4.3　クラス別の得点分布の比較（ヒストグラム）

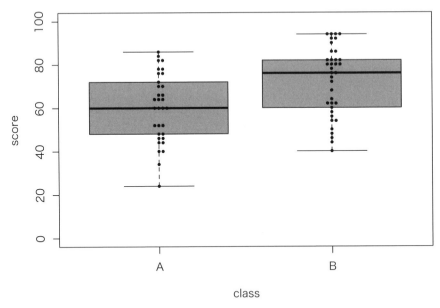

図 4.4　クラス別の得点分布の比較（蜂群図を重ねて描いた箱ひげ図）

　そして，クラスごとの記述統計量を算出します。具体的には，psych パッケージの describeBy 関数を使って，クラスごとのデータ数（n），平均値（mean），標準偏差（sd），中央値（median），調整平均（trimmed），中央絶対偏差値（mad），最小値（min），最大値（max），範囲（range），歪度（skew），尖度（kurtosis），標準誤差（se）などをまとめて計算します。

```
> # パッケージの読み込み
> library("psych")
> # クラスごとの記述統計量の計算
> describeBy(dat.2$score, dat.2$class)
 Descriptive statistics by group
group: A
    vars   n   mean     sd  median  trimmed    mad  min  max
X1     1  33  60.24  15.81      60    60.67  17.79   24   86
range   skew  kurtosis    se
   62  -0.21     -0.87  2.75
-------------------------------------------------------------
```

```
group: B
   vars  n   mean    sd  median  trimmed   mad  min  max
X1    1  37  72.27  16.11     76    72.97 20.76   40   94
range   skew  kurtosis    se
   54  -0.33     -1.15  2.65
```

ここまでの分析結果から，クラス A の平均値が 60.24 点（標準偏差は 15.81）で，クラス B の平均値が 72.27 点（標準偏差は 16.11）であるため，平均値に差がありそうだとわかります。

ここで，独立した t 検定の前提条件を確認してみましょう。t 検定の前提条件は，

① 標本の無作為抽出
② 各グループの母集団が正規分布していること（正規性）
③ 2つの母集団の分散が等しいこと（等分散性）

の3点です。①の標本の無作為抽出について，今回の例のようにクラス分けされたデータでは前提が満たされませんが，一般的に影響を受けにくいと考えられており，問題視されることはありません[5]。②の正規性については，ヒストグラムを描いて，データが正規分布しているかを確認しましょう[6]。③の等分散性については，検定で確認することが可能です。ここでは，car パッケージ[7] の leveneTest 関数を使って，等分散性の検定である **Levene 検定**を実行します。

```
> # 等分散性の検定
> # パッケージのインストール（初回のみ）
> install.packages("car", dependencies = TRUE)
> # パッケージの読み込み
> library("car")
> leveneTest(dat.2$score, dat.2$class, center = mean)
Levene's Test for Homogeneity of Variance (center = mean)
      Df F value Pr(>F)
group  1  0.1954 0.6599
      68
```

---

[5] ただし，無作為抽出は推測統計では欠かせない前提になりますので，今回の例のようなデータから得られる結果を過度に一般化すべきではありません。

[6] データが正規分布しているかを確認する方法については，4.4 節を参照。また，正規性の検定を行うこともあります。

[7] https://CRAN.R-project.org/package=car

　Levene 検定は，*p* 値が 0.05 以上であれば，2 つのデータの等分散性が満たされていると判断します。上記の実行結果では，Pr(>F) が 0.6599 となっているため，等分散性の前提は満たされていることがわかります。

　続いて，t.test 関数を用いて，独立した *t* 検定を実行します [†8]。その実行結果を見ると，*p* 値（p-value）が 0.05 以下（0.002443）となっているため，2 つのグループの平均値には統計的に有意な差があると判断します。

```
> # 独立したt検定
> t.test(dat.2$score ~ dat.2$class)

        Welch Two Sample t-test

data:  dat.2$score by dat.2$class
t = -3.1489, df = 67.363, p-value = 0.002443
alternative hypothesis: true difference in means is
not equal to 0
95 percent confidence interval:
 -19.65119  -4.40450
sample estimates:
mean in group A mean in group B
       60.24242        72.27027
```

　独立した *t* 検定の結果を報告する際は，分析の再現性を担保するために，必ず 2 つのグループのサンプルサイズ（人数），平均値，標準偏差を示します。その上で，*t* 値，*df* 値（自由度），*p* 値を提示します。たとえば，上記の例の場合は，$t(67.36) = -3.15$，$p = .002$ などと記載します。*t* 値や *df* 値の小数点以下の桁数は，統一するようにしましょう。*p* 値は 1 を越えることがないため，1 の位の 0 は書かずに「.002」のように記載しますが，*p* 値が .001 以下の場合は，$p < .001$ と書く決まりになっています（American Psychological Association, 2020）。自由度は，前節で説明した母集団の分布のモデルを推定する際に必要になる値です。独立した *t* 検定の場合は，1 つのグループに属する人数から 1 を引いた値を足し合わせた値（今回の例では，$(33-1) + (37-1) = 68$）となります。なお，

---

†8　R のデフォルトでは，等分散性を仮定しない Welch の方法で，*t* 検定が実行されます（等分散性を仮定する *t* 検定を行う場合は，引数 var.equal で TRUE を指定）。これは，等分散性の有無にかかわらず，Welch の方法の *t* 検定を実行すべきであるという近年の流れ（奥村，2008）に基づくものです。

上記の例で自由度（df）が 67.36 になっているのは，t.test 関数のデフォルトでは，自由度を調整する処理（Welch の *t* 検定）が行われているためです。

4.4 対応のある *t* 検定

次に，表 **4.2** のようなデータを例に，対応のある *t* 検定を用いて，事前（pre）と事後（post）テストの点数の平均値に統計的に違いがあるかを確認します。

表 4.2 対応のある成績データ（事前・事後）

student	sex	pre	post
S001	M	78	95
S002	F	76	69
S003	M	79	72
S004	F	62	75
S005	F	56	70
...	...	...	...

まずは，対応のある成績データ（本書付属データに含まれている data_ch4-2.csv）を R に読み込んで，データの概要を確認します。

```
> # CSVファイルの読み込み（ヘッダーがある場合）
> # data_ch4-2.csvを選択
> dat.3 <- read.csv(file.choose(), header = TRUE)
> # 読み込んだデータの冒頭の確認
> head(dat.3)
  student sex pre post
1    S001   M  78   95
2    S002   F  76   69
3    S003   M  79   72
4    S004   F  62   75
5    S005   F  56   70
6    S006   M  76   79
> # 行数と列数の確認
> dim(dat.3)
[1] 30  4
> # preとpostの列に欠損値がないか確認（TRUEであれば，欠損値がある）
> table(is.na(dat.3[3 : 4]))
FALSE
```

```
   60
> # 男女の学習者数
> table(dat.3$sex)
 F  M
18 12
```

　上記の実行結果を見ると，読み込んだデータが 30 名の学習者（女性 18 名，男性 12 名）の事前テスト（pre）と事後テスト（pre）の結果で，欠損値は含まれていないことがわかります。次に，事前・事後テストの結果を重ねたヒストグラム（**図 4.5**）と，箱ひげ図に個人の得点分布を重ねた蜂群図（**図 4.6**）を描いてみます。

```
> # 事前・事後テストの結果を重ねたヒストグラム（col = rgbで半透明の指定）
> hist(dat.3$pre, col = rgb(1, 0, 0, 0.5), xlim = c(30, 100),
+ ylim = c(0, 15), main = "Overlapping Histogram",
+ xlab = "score")
> hist(dat.3$post, col = rgb(0, 0, 1, 0.5), add = TRUE)
> # 箱ひげ図に個人の得点分布を重ねた蜂群図
> score <- c(dat.3$pre, dat.3$post)
> group <- factor(c(rep("pre", 30), rep("post", 30)),
+ levels = c("pre", "post"))
> boxplot(score ~ group, ylim = c(0, 100),
+ main = "Result of the Pre-Post Test", xlab = "test",
+ ylab = "score")
> beeswarm(score ~ group, ylim = c(0, 100), pch = 16,
+ add = TRUE)
```

　図 4.5 と図 4.6 における得点分布を見ると，事前テストよりも事後テストの点数が高くなっています。続いて，記述統計量の確認をします。

```
> # 記述統計量の確認
> describe(dat.3[, 3 : 4])
     vars  n  mean   sd median trimmed  mad min max
pre     1 30 67.33 9.66     67   67.58 9.64  43  90
post    2 30 74.43 8.98     75   74.42 8.15  55  95
     range  skew kurtosis   se
pre     47 -0.20     0.20 1.76
post    40  0.01     0.01 1.64
```

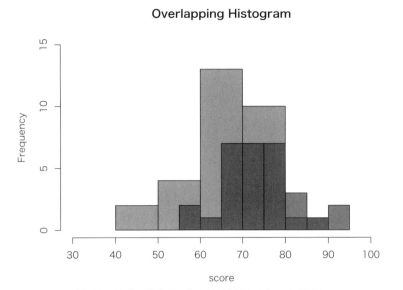

図 4.5 事前・事後テストの結果を重ねたヒストグラム

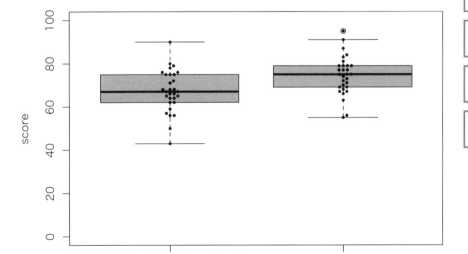

図 4.6 箱ひげ図に個人の得点分布を重ねた蜂群図

　上記の記述統計量からも，事前テストよりも事後テストが上回っていることが確認されます。対応のある t 検定では，2つのデータが独立ではなく，Welch の t 検定を使うことができないため，等分散性は問題になりません。しかし，念のために，データの分布の正規性も確認しておきましょう。上記の記述統計量のうち，歪度（skew），尖度（kurtosis）の絶対値が 0 から大きく離れていなければ，分布に問題がないと判断します。

　それでは，t.test 関数を用いて，対応のある t 検定を行ってみましょう。その際，引数 paired で TRUE を指定します。

```
> # 対応のあるt検定
> t.test(dat.3$pre, dat.3$post, paired = TRUE)

        Paired t-test

data:  dat.3$pre and dat.3$post
t = -4.9628, df = 29, p-value = 2.813e-05
alternative hypothesis: true difference in means is
not equal to 0
95 percent confidence interval:
 -10.026024  -4.173976
sample estimates:
mean of the differences
                   -7.1
```

　対応のある t 検定の結果を見てみると，p 値が 2.813e-05 となっています。この e は，指数表示と呼ばれるもので，数値の桁数が大きいときに表示されます（e-05 は，小数点の位置を左に 5 桁移動させた数値です）。この表示を回避するために options(scipen = 10) と入力すると，実際の数値を確認できます[†9]。つまり，p 値が有意水準の 0.05 よりも小さい値であり，事前テストと事後テストの平均値には統計的に有意な差があるとわかります。

```
> # p値の指数表示を回避
> options(scipen = 10)
> 2.813e-05
[1] 0.00002813
```

---

†9　scipen の部分では，表示したい桁数（文字数）を指定しています。たとえば，100 を指定すると，100 桁（文字）まで表示されます。

結果の表記は，独立した *t* 検定と同じですが，分析の再現性を担保するために，事前テストと事後テストの相関係数（7章）も報告するとよいでしょう。今回の例では，相関係数が 0.6487101 となっています。

```
> # 事前テストと事後テストの相関係数
> cor(dat.3$pre, dat.3$post)
[1] 0.6487101
```

なお，対応のあるデータに対しては，さらに効果的な可視化の方法があります。1つめは，**個別推移図**（スパゲティプロット）で，個人の得点の変化をすべて確認できます。以下の例では，lattice パッケージと latticeExtra パッケージ[10] を用いて，個人の得点の変化に全体の平均の変化を太線で加えています。やや複雑なコードですが，参考までに紹介します。**図 4.7** は，その結果です。

```
> # パッケージのインストール（初回のみ）
> install.packages("latticeExtra", dependencies = TRUE)
> # パッケージの読み込み
> library("lattice")
> library("latticeExtra")
> # 個別推移図（スパゲティプロット）
> df <- data.frame(score, group)
> df$indiv <- factor(c(rep(1 : nrow(dat.3)),
+ rep(1 : nrow(dat.3))))
> each <- xyplot(score ~ group, group = indiv, type = c("l"),
+ data = df, xlab = "test", ylab = "score")
> all_mean <- c(mean(dat.3$pre), mean(dat.3$post))
> fact <- factor(c("pre", "post"), levels = c("pre", "post"))
> all <- xyplot(all_mean ~ fact, col = "black", lwd = 5,
+ type = c("l"), data = df)
> each + as.layer(all, axes = NULL)
```

[10]　https://CRAN.R-project.org/package=latticeExtra

67

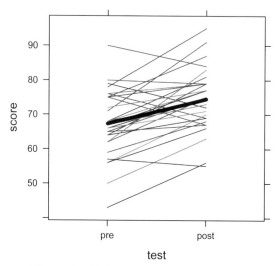

図 4.7　個別推移図（スパゲッティプロット）

　2 つめは，横軸に事前テスト，縦軸に事後テストをプロットした散布図（前田，2008）です。**図 4.8** は，以下のコードを実行した結果です。図中の対角線よりも左上に点が位置していれば，事前テストよりも事後テストの点数が高くなっていることになります。

```
> # 横軸に事前テスト，縦軸に事後テストをプロットした散布図
> plot(dat.3$pre, dat.3$post, las = 1, pch = 16,
+ xlab = "pretest", ylab = "posttest", main = NA,
+ xlim = c(0, 100), ylim = c(0, 100))
> lines(par()$usr[1 : 2], par()$usr[3 : 4], lty = 3)
```

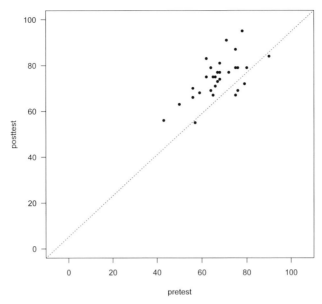

図 4.8　個人の点数の変化がわかる散布図

R で t 検定を実行するのは，1 行のコードで済むため，非常に簡単です。しかし，p 値のみを見るのではなく，分析の再現に必要な情報（サンプルサイズ，平均値，標準偏差，t 値，df 値など）を必ず提示し，可視化によって結果を正確にわかりやすく伝えることを心がけましょう。

本章では，クラス A とクラス B，事前テストと事後テストのような 2 つのデータの比較を行いました。続く 5 章では，3 つ以上のデータを比較する方法を紹介します。

5 章

分散分析・多重比較
──3つ以上のグループや繰り返しのテスト結果を比較したい──

　本章では，3つ以上のグループや，繰り返しデータの平均値を比較する分散分析を扱います。最初に分散分析の考え方を紹介し，次に多重比較や，要因と水準，繰り返しの有無といった，分散分析を実行するために必要な基礎知識を学びます。そして，実際に繰り返しのない一元配置の分散分析を行います。さらに，繰り返しのある要因を含んだ二元配置分散分析も実行します。二元配置以上の分散分析では交互作用が重要となるため，交互作用効果を確認するための可視化も紹介します。

5.1　分散分析の考え方

　本章では，3つ以上の平均値の差の検定である**分散分析**を扱います。3つ以上の平均値に対して t 検定（4章）を繰り返した場合，実際には「差がない」にもかかわらず「差がある」という判定を下す誤り（**第一種の過誤**）を犯す可能性が高まります。そのため，組合せごとに t 検定を繰り返すのではなく，分散分析を行います。

　統計的検定では，前述のように一般的に有意水準（記号 α で表します）を 0.05（5％）に設定し，得られた p 値がそれ以下になれば，「統計的に有意な差がある」と判断します。これは，検定を1回だけ行った場合の話であり，何度も検定を繰り返す場合には，有意水準を厳しく設定しなければなりません。たとえるなら，20本の中に1本だけ当たりがあるくじ引き（$1/20 = 0.05$）を1度しか引けないところ，何度もくじを引くようなもので，引けば引くほど当たりが出る確率が高くなります。したがって，3つ以上の平均値に対しては，t 検定を繰り返すのではなく，分散分析を用いる必要があります。

　平均値の比較なのに，なぜ「分散」分析なのでしょうか。分散分析では，F 値

と呼ばれる値を計算し、そこから p 値を計算します[†1]。**図5.1** は、分散分析の計算過程をまとめたものです[†2]。ただし、簡便のため、3つのクラスに学習者が3名ずつという、実際の分散分析ではあり得ない少数のデータの例となっています。

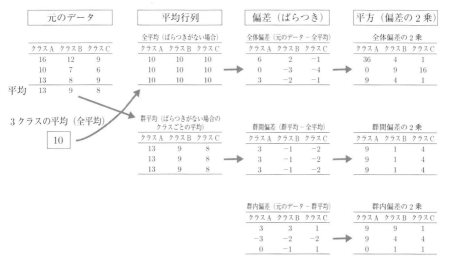

図5.1 分散分析の計算過程（その1）

まず、一番左の「元のデータ」では、3つのクラスから得られた点数の平均を計算しています。3クラスの平均値の平均は、10点です。次の「平均行列」では、ばらつきがない場合の全平均と群平均を元のデータから求めています。そして、その平均行列を元のデータと比べているのが「偏差（ばらつき）」です。そして、全体のばらつきと群間のばらつきで説明できないものが「群内偏差」（グループ内でのばらつき）となり、これは分散分析では「誤差」と呼ばれるものになります。偏差を2乗すれば、平均との差を大きくすることができるので、最後の「平方（偏差の2乗）」では、全体、群間、群内のそれぞれの偏差を2乗して、ばらつきが際立つようにしています。

図5.1からもわかるように、分析の目的は平均値の比較ですが、実際には「ばらつき」（分散）を分析しているため、分散分析と呼ばれています。ちなみに、

---

†1　分散分析は、F 検定と言われることもあります。F 値の "F" は、20世紀最大の統計学者として知られている Ronald A. Fisher の名前に由来します。

†2　実際に Microsoft Excel でどのような計算をしているかは、本書付属の F 値の計算過程 .xlsx を参照してください。

2 つのグループや繰り返しのあるデータに対して分散分析を行った場合，その結果は，*t* 検定の結果と同じになります。

　図 5.2 では，平方和と自由度から平均平方を計算し，*F* 値を算出する方法を示しています。「平方和」の部分は，図 5.1 の右端の「平方」にある値を合計したものです。そして，中央の「自由度」を使って，右端の「平均平方」を求め，群間平均平方（クラスの違いで説明できる要因）と群内平均平方（それ以外の要因＝誤差）から，その割合を求めたものが *F* 値です。つまり，学習者のレベルや指導法，教員といったクラスの違いで説明できる要因（群間平均平方）の割合が大きければ大きいほど，*F* 値は大きくなります。

図 5.2　分散分析の計算過程（その 2）

　分散分析では，図 5.1 と図 5.2 の手順で求めた数値を，**図 5.3** のように，分散分析表にまとめて表示します[3]。図中の Source にある A はクラスの要因を示す群間平方和で，Error は群内平方和です。SS（平方和），df（自由度），MS（平均平方）は，図 5.2 と対応させて確認してください。これらの値から F-ratio（*F* 値）を求めた結果は 3.3158 で，その *F* 値から得られる *p* 値は 0.1072 となり，有意水準である 0.05（$\alpha = .05$）よりも大きな値になっているため，「統計的有意差はない」（ns = not significant）と判断します[4]。

---

[3]　この分散分析表は，本章で使用する後述の ANOVA 君を用いて，図 5.1 と図 5.2 のデータを分析した結果です。

[4]　なお，p.eta^2 の部分は，効果量の偏り η^2 を示します。効果量については，6 章を参照。

```
<< ANOVA TABLE >>

-----------------------------------------------------------------
Source      SS   df      MS  F-ratio   p-value       p.eta^2

    A   42.0000    2  21.0000   3.3158   0.1072 ns    0.5250
 Error  38.0000    6   6.3333

-----------------------------------------------------------------
 Total  80.0000    8
```

図 5.3　分散分析表

5.2　多重比較

　前節で説明した分散分析の結果からは，3 つのクラスの平均値における統計的な差の有無がわかりますが，全体としての差の有無しかわかりません。そのため，どのクラスとどのクラスの組合せに差があるかを知りたい場合は，**多重比較**という別の分析を行う必要があります。多重比較は，分散分析などで有意差を確認したあとに行う検定であるため，**事後検定**などと呼ばれることもあります。

　多重比較には，第一種の過誤を避けるために，t 検定を繰り返した回数だけ有意水準（α）を厳しく調整する **Bonferroni の方法**や，有意水準の調整を行わずに各グループのデータの分散が等しい（等分散である）と考えられる場合に用いる **Tukey の方法**などがあります。Bonferroni の方法では，3 グループの平均値に対して検定を繰り返す場合，有意水準を 0.05（5%）から 0.0167（1.67%（5/3 ≒ 1.67））に下げて，統計的に有意な差の有無を判断します。ただ，Bonferroni の方法は，非常に厳しい有意水準の調整方法であるため，もう少し緩い基準で有意水準を調整する **Holm の方法**が使われることもあります[5]。

5.3　要因と水準，繰り返しの有無

　分散分析では，**要因**と**水準**，**繰り返しの有無**を理解することが必須になります。たとえば，5.1 節の例では，要因がクラスで，その要因の中に含まれる水準が 3 クラスなので，1 要因 3 水準のデータであると言えます。1 要因は「一元配置」とも呼ばれるため，1 要因の分散分析と**一元配置分散分析**は同じものです。

---

[5]　http://www.med.osaka-u.ac.jp/pub/kid/clinicaljournalclub1.html

「クラス」以外に「性別」を要因に追加する場合は，2 要因（クラスと性別）となり，**二元配置分散分析**となります。指導法，学習者の習熟度，動機づけなどの変数を要因に加えることも可能なので，目的によっては三元配置以上の分散分析もあり得ます。しかし，分析結果の解釈が難しくなるため，あまり要因を増やさないようにしましょう。

また，t 検定と同様に分散分析でも，要因内の水準に対するテストの点数といったデータが**繰り返しなし**の場合と，**繰り返しあり**の場合があります。つまり，同じ学習者が 3 回以上テストを受けるような場合は，繰り返しありのデータになります。繰り返しがない場合を被験者間計画，繰り返しありの場合を被験者内計画（または，反復測定）と呼ぶこともあります。

5.4　繰り返しのない一元配置分散分析

それでは，**表 5.1** のようなデータを例として，繰り返しのない一元配置分散分析を R で実行してみましょう。表中の "student" は個々の学習者の ID，"class" はクラス，"score" はテストの点数をそれぞれ表しています。ここでは，クラス A，クラス B，クラス C の点数（平均値）に統計的に差があるかを確認します。同じテストを複数回受けた学習者はいないため，繰り返しなしの分析となります。また，繰り返しのない 3 クラスの平均値を比べるため，1 要因 3 水準のデータとなります。

表 5.1　対象とする成績データ

student	class	score
S001	A	76
S002	A	54
...	...	...
S045	B	95
S046	B	89
...	...	...
S086	C	63
S087	C	84

まず，表 5.1 の成績データ（本書付属データに含まれている data_ch5-1.

csv）をRに読み込んで，psychパッケージのdescribeBy関数を使い，記述
統計を求めます。また，分散分析の前提条件である等分散性を確認します[6]。

```
> # CSVファイルの読み込み（ヘッダーがある場合）
> # data_ch5-1.csvを選択
> dat <- read.csv(file.choose(), header = TRUE)
> # 読み込んだデータの冒頭の確認
> head(dat)
  student class score
1   S001    A    76
2   S002    A    54
3   S003    A    62
4   S004    A    46
5   S005    A    53
6   S006    A    64
> # 行数と列数の確認
> dim(dat)
[1] 87  3
> # クラス別の学習者数
> table(dat$class)
 A  B  C
29 29 29
> # クラスごとの記述統計量の計算
> library("psych")
> describeBy(dat$score, dat$class)
Descriptive statistics by group
group: A
   vars  n  mean    sd median trimmed   mad min max
X1    1 29 60.79 21.47     56   60.44 20.76  29  97
   range skew kurtosis   se
X1    68 0.28    -1.23 3.99
----------------------------------------
group: B
   vars  n  mean   sd median trimmed   mad min max
X1    1 29 64.07 20.4     64   64.28 26.69  29  95
   range  skew kurtosis   se
X1    66 -0.02    -1.39 3.79
----------------------------------------
group: C
   vars  n mean   sd median trimmed   mad min max
X1    1 29 74.1 16.7     72   74.36 20.76  42  99
```

---

[6] 紙面の都合で割愛しますが，データの正規性（4章）も確認するとよいでしょう。

```
    range  skew kurtosis  se
X1    57 -0.11     -1.3 3.1
> # 等分散性の検定
> library("car")
> leveneTest(dat$score, dat$class, center = mean)
Levene's Test for Homogeneity of Variance (center = mean)
      Df F value Pr(>F)
group  2  0.8339 0.4379
      84
```

　上記の実行結果から，3クラスの学習者数が各29名であるとわかります。また，等分散性の検定結果を見ると，p 値が 0.05 以上であるため，等分散性の前提が満たされているとわかります。次に，箱ひげ図と蜂群図で3クラスの平均点の分布を確認します[7]（図 **5.4**）。

```
> # パッケージの読み込み
> library("beeswarm")
> # 蜂群図の描画
> boxplot(dat$score ~ dat$class, col = "grey",
+ ylim = c(0, 100), main = "3クラスの比較", xlab = "class",
+ ylab = "score")
> beeswarm(dat$score ~ dat$class, ylim = c(0, 100), pch = 16,
+ add = TRUE)
```

　続いて，繰り返しのない一元配置分散分析を実行します。基本的な分散分析であれば，R の anova 関数や aov 関数でも行うことが可能ですが，データの加工や多重比較の設定がやや面倒です。そこで本書では，井関龍太氏が作成した，R で動く分散分析の関数である **ANOVA 君**を用います。

　まず，公式サイト[8]から ANOVA 君のファイルをダウンロードしてください（本章執筆段階の最新版は，anovakun_485.txt）。そして，R のメニューバーの「ファイル」から「R コードのソースを読み込み」（Mac 版の R では「ソースを読み込む」）を選び，ダウンロードしたファイルを読み込みます[9]。

---

[7]　Mac で日本語を図に表示させようとすると，文字化けが起きることがあります。そのような場合は，par(family = "HiraKakuProN-W3") という描画の設定をしてから可視化を行ってください。

[8]　http://riseki.php.xdomain.jp/index.php?ANOVA%E5%90%9B

[9]　txt ファイルが表示されない場合は，選択ウィンドウの「R files」を「All files」に変更してください。

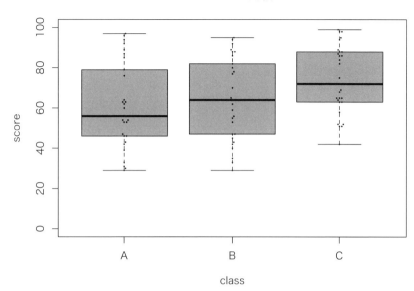

図 5.4 クラス別の得点分布の比較（蜂群図を重ねて描いた箱ひげ図）

　ファイルを読み込んだら，繰り返しなしの 1 要因 3 水準のデータの一元配置分散分析を実行できます。以下のコードでは，1 列目のデータ（student）を除いた 2 列目（class）と 3 列目（score）を分析対象としています。なお，"As" は，1 つめの要因 A（class）と学習者の点数（s）を示しています。ANOVA 君では，被験者間要因を s の左側，被験者内要因を s の右側に書くという決まりがあります[†10]。次の 3 は，要因の水準数です（この部分では，要因の数だけ水準の数を指定します）。そして，holm = TRUE は，Holm の方法で多重比較を行うための指定です。最後の eta = TRUE は，分散分析表に効果量の $\overset{イータ2乗}{\eta^2}$ を追加するための指定です[†11]。

```
> # 繰り返しのない一元配置分散分析
> anovakun(dat[, -1], "As", 3, holm = TRUE, eta = TRUE)
  (省略)
<< DESCRIPTIVE STATISTICS >>
```

[†10] 詳しくは，井関龍太氏のサイトの説明を参照。
[†11] 効果量については，6 章を参照。

```
----------------------------
 A   n    Mean     S.D.
----------------------------
 a1  29  60.7931  21.4715
 a2  29  64.0690  20.3977
 a3  29  74.1034  16.7040
----------------------------
```

<< ANOVA TABLE >>

```
----------------------------------------------------------------
 Source        SS  df        MS  F-ratio  p-value        eta^2
----------------------------------------------------------------
      A  2789.6782   2 1394.8391   3.6195   0.0311 *     0.0793
  Error 32371.3103  84  385.3727
----------------------------------------------------------------
  Total 35160.9885  86  408.8487
                    +p < .10, *p < .05, **p < .01, ***p < .001
```

<< POST ANALYSES >>

< MULTIPLE COMPARISON for "A" >

== Holm's Sequentially Rejective Bonferroni Procedure ==
== The factor < A > is analysed as independent means. ==
== Alpha level is 0.05. ==

```
----------------------------
 A   n    Mean     S.D.
----------------------------
 a1  29  60.7931  21.4715
 a2  29  64.0690  20.3977
 a3  29  74.1034  16.7040
----------------------------
```

```
----------------------------------------------------------------
 Pair     Diff   t-value  df       p    adj.p
----------------------------------------------------------------
 a1-a3  -13.3103   2.5819  84  0.0116  0.0347  a1 < a3 *
 a2-a3  -10.0345   1.9464  84  0.0549  0.1099  a2 = a3
 a1-a2   -3.2759   0.6354  84  0.5269  0.5269  a1 = a2
   (省略)
```

　上記の実行結果を見ると，<< DESCRIPTIVE STATISTICS >> に記述統計，
<< ANOVA TABLE >> に分散分析表がそれぞれ示されています。そして，分散分
析表を見ると，p 値（p-value）が 0.05 以下（0.0311）となっているため，3
つのクラスの平均値には統計的に有意な差があると判断します。分散分析全体で
の有意差が確認できたため，続いて，どのクラスとどのクラスの平均値に差があ
るのかを多重比較で確認します。具体的には，<< POST ANALYSES >> の箇所
を見ると，a1-a3（Class A と Class C の平均値の比較）のみ，統計的に有意な
差（$p = .035$）があるとわかります。

5.5　繰り返しのある要因を含んだ二元配置分散分析

　次に，**表 5.2** のような繰り返しのある要因を含むデータを例に考えてみます。
これは，2 つのクラス A と B が異なる方法で指導を受け，事前（pre），事後
（post），遅延（delayed）のテストを受けたというデータです。この場合，class
の要因が繰り返しなしで，テスト（pre, post, delayed）の要因が繰り返しあり
となるため，二元配置分散分析を行います。

表 5.2　対応のある成績データ（事前・事後・遅延）

student	class	pre	post	delayed
S001	A	31	48	30
S002	A	39	51	44
S003	A	56	67	58
...	...	...	...	...
S058	B	55	62	50
S059	B	55	60	64
S060	B	59	64	61

　まず，データ（本書付属データに含まれている data_ch5-2.csv）を R に読
み込んで，概要を確認しましょう。

```
> # CSVファイルの読み込み（ヘッダーがある場合）
> # data_ch5-2.csvを選択
> dat.2 <- read.csv(file.choose(), header = TRUE)
> # 読み込んだデータの冒頭の確認
```

```
> head(dat.2)
  student class pre post delayed
1   S001     A  31   48      30
2   S002     A  39   51      44
3   S003     A  56   67      58
4   S004     A  47   44      50
5   S005     A  29   33      47
6   S006     A  37   41      43
> # 行数と列数の確認
> dim(dat.2)
[1] 60  5
> # クラス別の学習者数
> table(dat.2$class)

 A  B
30 30
```

　データを読み込んだら，二元配置分散分析を実行しましょう。以下のコードでは，前節と同様，データの1列目を分析対象から除いています。そのあとの"AsB"，2，3の部分は，被験者間要因（A：クラス）と被験者内要因（B：テスト結果）がそれぞれ2水準（A，B）と3水準（pre, post, delayed）あるという指定です。auto = TRUE は，このような繰り返しありのデータで「被験者内要因の分散が等しい」という**球面性**の前提が満たされない場合に，Greenhouse-Geisser の $\overset{イプシロン}{\varepsilon}$ による調整という方法で結果を表示するための指定です[†12]。最後の holm = TRUE，eta = TRUE は，前節と同様に，Holm の方法による多重比較を行い，効果量の η^2 を分散分析表に追加するための指定です。

```
> # 二元配置分散分析
> anovakun(dat.2[, -1], "AsB", 2, 3, auto = TRUE, holm = TRUE,
+ eta = TRUE)
    (省略)
<< DESCRIPTIVE STATISTICS >>

----------------------------------
 A   B  n    Mean     S.D.
----------------------------------
 a1  b1 30  37.7333   9.4465
 a1  b2 30  49.5667  11.0068
```

[†12]　ANOVA 君では，球面性の検定をいくつか選択することも可能です。詳しくは，井関龍太氏のサイトの説明を参照。

```
a1  b3  30  45.6333  10.3340
a2  b1  30  38.3667  10.5813
a2  b2  30  40.1333  12.0279
a2  b3  30  40.5000  11.3068
--------------------------------


<< SPHERICITY INDICES >>

== Mendoza's Multisample Sphericity Test and Epsilons ==


----------------------------------------------------------------------
Effect  Lambda  approx.Chi  df      p        LB      GG      HF      CM
----------------------------------------------------------------------
    B   0.0007     14.1756   5 0.0145 *    0.5000 0.9994 1.0350 1.0314
----------------------------------------------------------------------
                           LB = lower.bound, GG = Greenhouse-Geisser
                           HF = Huynh-Feldt-Lecoutre, CM = Chi-Muller

<< ANOVA TABLE >>

== Adjusted by Greenhouse-Geisser's Epsilon for Suggested Violation ==


----------------------------------------------------------------------
    Source        SS      df      MS  F-ratio  p-value      eta^2
----------------------------------------------------------------------
        A   970.6889       1 970.6889   3.3048   0.0742 +   0.0412
    s x A 17035.9556      58 293.7234
----------------------------------------------------------------------
        B  1491.7444       2 746.3374  26.1221   0.0000 *** 0.0633
    A x B   765.4111       2 382.9442  13.4032   0.0000 *** 0.0325
s x A x B  3312.1778  115.93  28.5711
----------------------------------------------------------------------
    Total 23575.9778     179 131.7094
                         +p < .10, *p < .05, **p < .01, ***p < .001

<< POST ANALYSES >>

< MULTIPLE COMPARISON for "B" >

== Holm's Sequentially Rejective Bonferroni Procedure ==
== The factor < B > is analysed as dependent means. ==
== Alpha level is 0.05. ==


--------------------------
```

```
 B    n     Mean     S.D.
-----------------------------
 b1   60   38.0500   9.9497
 b2   60   44.8500  12.3807
 b3   60   43.0667  11.0467
-----------------------------
```

```
---------------------------------------------------------------
 Pair     Diff  t-value  df       p    adj.p
---------------------------------------------------------------
 b1-b2  -6.8000  7.0112  58  0.0000  0.0000  b1 < b2 *
 b1-b3  -5.0167  5.1767  58  0.0000  0.0000  b1 < b3 *
 b2-b3   1.7833  1.8056  58  0.0762  0.0762  b2 = b3
---------------------------------------------------------------
```

< SIMPLE EFFECTS for "A x B" INTERACTION >

```
---------------------------------------------------------------------
 Effect  Lambda  approx.Chi  df       p      LB     GG     HF     CM
---------------------------------------------------------------------
 B at a1  0.0145     8.1778   2  0.0168 *  0.5000 0.7979 0.8370 0.8255
 B at a2  0.0475     5.8830   2  0.0528 +  0.5000 0.8407 0.8866 0.8744
---------------------------------------------------------------------
             LB = lower.bound, GG = Greenhouse-Geisser
             HF = Huynh-Feldt-Lecoutre, CM = Chi-Muller
```

```
---------------------------------------------------------------------
    Source          SS     df       MS  F-ratio  p-value     eta^2
---------------------------------------------------------------------
    A at b1      6.0167      1   6.0167   0.0598   0.8077 ns  0.0010
   Er at b1   5834.8333     58 100.6006
---------------------------------------------------------------------
    A at b2   1334.8167      1 1334.8167 10.0429   0.0024 **  0.1476
   Er at b2   7708.8333     58 132.9109
---------------------------------------------------------------------
    A at b3    395.2667      1  395.2667  3.3692   0.0716 +   0.0549
   Er at b3   6804.4667     58 117.3184
---------------------------------------------------------------------
    B at a1   2179.0889    1.6 1365.5040 39.1960   0.0000 *** 0.1915
 s x B at a1 1612.2444  46.28   34.8378
---------------------------------------------------------------------
    B at a2     78.0667   1.68   46.4302  1.3318   0.2706 ns  0.0070
 s x B at a2 1699.9333  48.76   34.8633
---------------------------------------------------------------------
```

```
                        +p < .10, *p < .05, **p < .01, ***p < .001

< MULTIPLE COMPARISON for "B at a1" >

== Holm's Sequentially Rejective Bonferroni Procedure ==
== The factor < B at a1 > is analysed as dependent means. ==
== Alpha level is 0.05. ==

-----------------------------------------------------------------
  Pair      Diff   t-value  df       p    adj.p
-----------------------------------------------------------------
 b1-b2   -11.8333   8.6553  29   0.0000   0.0000  b1 < b2 *
 b1-b3    -7.9000   7.7556  29   0.0000   0.0000  b1 < b3 *
 b2-b3     3.9333   2.4150  29   0.0223   0.0223  b2 > b3 *
   （省略）
```

　上記の実行結果では，<< DESCRIPTIVE STATISTICS >> の部分に記述統計
が示されています。その下にある << SPHERICITY INDICES >> で**球面性検定**
の結果を確認すると，p 値が 0.0145 で，球面性の前提が満たされていません
（等分散性や球面性の検定では，p 値が .05 以上でなければなりません）。そのた
め，<< ANOVA TABLE >> で，Greenhouse-Geisser の ε で調整された結果が表
示されています。

　分散分析の結果を見ると，被験者間要因（Source の A：クラス）には統計的
に有意な差がありません（$p = .074$）。その一方，被験者内要因（Source の B：
テスト）には有意差があります（$p < .001$）。この結果は，違う指導法を受けた 2
クラスを合算して，事前（pre），事後（post），遅延（delayed）テストの平均値
を繰り返しのある一元配置分散分析で比較したようなものであるため，テストの
主効果に有意な差があったと報告します。

　この分析における多重比較の結果が << POST ANALYSES >> の < MULTIPLE
COMPARISON for "B" > に示されています。2 クラスを合算した 60 名での，繰
り返しのある一元配置分散分析に対する多重比較の結果であるため，この出力部
分は重要ではありませんが，事後（post）と遅延（delayed）の間（b2-b3）に
有意差がなく（$p = .076$），その他の間（b1-b2，b1-b3）に有意差があるとわか
ります。

　二元配置以上の分散分析では，**交互作用**が重要になります。交互作用とは，要

因と要因の組合せによって，テストの平均値が異なることを指します。今回の分析では被験者間要因（A）と被験者内要因（B）の組合せとなり，分散分析表 << ANOVA TABLE >> の Source では，A x B で示されています（s x A x B は，誤差を示します）。この結果が $p < .001$ であることから，クラス（指導法）の違いによって，事前，事後，遅延でのテストの平均値に違いがあると判断します。

交互作用が有意である場合，**単純主効果の検定**を行います。単純主効果とは，要因 A（クラス）ごとに要因 B（テスト）を比較したり，要因 B（テスト）ごとに要因 A（クラス）を見たりすることを指します。単純主効果の結果は，< SIMPLE EFFECTS for "A x B" INTERACTION > に示されています。

まず，クラス（要因 A）ごとのテスト（要因 B）の比較は，事前，事後，遅延のそれぞれで，2 クラスの平均値を比較することを意味します。今回の結果では，A at b1（事前）と A at b3（遅延）で有意差がなく，A at b2（事後）で有意差があります。今回のデータの場合は，クラスの要因（A）は，水準が 2 つしかないため，多重比較の必要はありません。

一方，テスト（要因 B）ごとにクラス（要因 A）を比較すると，B at a1 に有意差があり，B at a2 には有意差がないとわかります。これは，クラス A（a1）に関してだけ，繰り返しのある一元配置分散分析で有意な結果が得られていることを意味しています。ANOVA 君では，単純主効果の検定で有意差が確認できたものにだけ多重比較を行うため，< MULTIPLE COMPARISON for "B at a1" > の結果から，事前，事後，遅延のすべての組合せで有意差があったことがわかります。このように，ANOVA 君を用いると，単純主効果の検定や多重比較までのすべてを一度に実行できるため，非常に便利です。

二元配置以上の分散分析では，前述のように交互作用の有無が分析の重要な視点となるため，交互作用を確認するための平均値グラフを描きます（**図 5.5**）。以下は，interaction.plot 関数による作図の例です。交互作用を確認するためのグラフを分散分析表と一緒に提示することで，読み手が解釈しやすくなります。

```
> # スタック形式に変更
> x <- stack(dat.2[, 3 : 5])
> # データフレームの作成
> y <- data.frame(dat.2$class, x)
> # 因子の型に変更
```

```
> y$dat.2.class <- factor(y$dat.2.class)
> # 水準の順序を指定
> y$ind <- factor(y$ind, levels = c("pre", "post", "delayed"))
> # データフレームの列名を変更
> names(y) <- c("class", "score", "test")
> # 交互作用確認プロット
> interaction.plot(y$test, y$class, y$score, type = "b",
+ pch = c(1, 2), xlab = "Test", ylab = "Score",
+ trace.label = "Class")
```

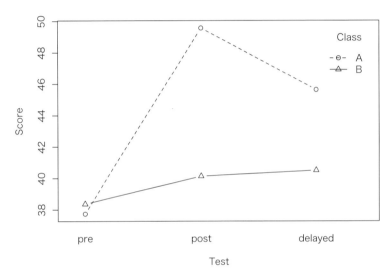

図 5.5　交互作用効果を確認するグラフ

これらの分析結果から,

① 交互作用を確認してみると, クラス（指導法）の違いによって, 事前
 （pre）, 事後（post）, 遅延（delayed）でのテストの平均値に違いがある
② 単純主効果の検定から, クラス A とクラス B は事前（pre）と遅延
 （delayed）では平均値に統計的な差はなく, 事後（post）のみに差がある
③ クラス A だけで見ると, 事前（pre）, 事後（post）, 遅延（delayed）の
 それぞれの組合せにおいて平均値に統計的な差が確認されるものの, クラス
 B だけで見ると, その組合せに統計的な差は確認できない

ということがわかります。

　本章では，3 つ以上のグループや繰り返しのテスト結果を比較するための分散分析を説明しました。続く 6 章では，平均値の検定結果と合わせて報告する必要のある効果量を紹介します。

6章

効果量
——指導法による成績の違いを調べたい——

　本章では，統計的検定を正しく解釈するために必要な効果量について，なぜ効果量の報告が必要なのかを説明し，その計算方法や基準を解説します。そして，具体例とともに，Rで効果量の算出を行う方法を紹介します。

6.1　効果量の考え方（効果量の報告が必要な理由）

　検定では，一般的に p 値が 0.05 以上（$p \geq 0.05$）のときに「統計的に有意な差はない」と判断し，p 値が 0.05 未満（$p < 0.05$）のときに「統計的に有意な差がある」という判断を行います。しかし，結果が「有意差なし」か「有意差あり」の二分法となるため，p 値の算出過程における人数（サンプルサイズ）の影響が大きな問題となります。具体的には，実質的な差の大きさにかかわらず，サンプルサイズが大きくなればなるほど，統計的な有意差が出やすくなります。以下では，Rでシミュレーションデータを作成して，この問題を確認します。

　まず，**表 6.1** のようなデータセット A と B を作成します。それぞれのデータセットには異なる指導法を受けた 2 つのグループがあり，サンプルサイズだけが異なります。各グループの平均値，標準偏差，平均値差が同じ値になるように，青木繁伸氏が作成した関数[†1] を用いて，データセットを作ります[†2]。

---

†1　http://aoki2.si.gunma-u.ac.jp/R/gendat1.html
†2　gendat 関数では，乱数でデータが生成されています。そのため，実行するたびに，可視化の結果が若干異なる可能性があります。

表6.1 作成するシミュレーションデータ

データセット	グループ	n	平均値	標準偏差	平均値差
A	指導法1	50	30.00	10.00	2.00
	指導法2	50	32.00	10.00	
B	指導法1	500	30.00	10.00	2.00
	指導法2	500	32.00	10.00	

```
> # サンプルサイズ，平均値，標準偏差を指定してデータを作成する関数
> gendat <- function(n, mu = 0, sigma = 1)
+   {
+     x <- rnorm(n)
+     return((x - mean(x)) / sd(x) * sigma + mu)
+   }
> # データセットAの作成（サンプルサイズ，平均値，標準偏差の順）
> a <- gendat(50, 30.00, 10.00)
> b <- gendat(50, 32.00, 10.00)
> # データセットBの作成（サンプルサイズ，平均値，標準偏差の順）
> x <- gendat(500, 30.00, 10.00)
> y <- gendat(500, 32.00, 10.00)
```

そして，これら2つのデータセットに対してWelchのt検定を実行すると，データセットAが有意差なし（p-value = 0.3198）にもかかわらず，データセットBは有意差あり（p-value = 0.001613）となります。

```
> # t検定（データセットA）
> t.test(a, b)

        Welch Two Sample t-test

data:  a and b
t = -1, df = 98, p-value = 0.3198
alternative hypothesis: true difference in means is not equal
 to 0
95 percent confidence interval:
 -5.968935  1.968935
sample estimates:
mean of x mean of y
      30        32
> # t検定（データセットB）
> t.test(x, y)
```

```
        Welch Two Sample t-test

data:  x and y
t = -3.1623, df = 998, p-value = 0.001613
alternative hypothesis: true difference in means is not equal
 to 0
95 percent confidence interval:
 -3.2410952 -0.7589048
sample estimates:
mean of x mean of y
       30        32
```

　表 6.1 からわかるように，2 つのデータセットには，単純にサンプルサイズを 10 倍にしただけの違いしかありません。**図 6.1** は，その違いを箱ひげ図と蜂群図で可視化した結果です。

```
> # 描画のためのデータを用意（因子型に変換）
> score.A <- c(a, b)
> group.A <- factor(c(rep("1 (n = 50)", length(a)),
+ rep("2 (n = 50)", length(b))))
> score.B <- c(x, y)
> group.B <- factor(c(rep("1 (n = 500)", length(x)),
+ rep("2 (n = 500)", length(y))))
> # グラフを2つ並べて表示する設定
> par(mfrow = c(1, 2))
> # パッケージの読み込み
> library("beeswarm")
> # 箱ひげ図と蜂群図の描画
> boxplot(score.A ~ group.A, ylim = c(0, 70),
+ main = "データセットA", xlab = "指導法", ylab = "score")
> beeswarm(score.A ~ group.A, ylim = c(0, 70), pch = 16,
+ cex = 0.5, add = TRUE)
> boxplot(score.B ~ group.B, ylim = c(0, 70),
+ main = "データセットB", xlab = "指導法", ylab = "score")
> beeswarm(score.B ~ group.B, ylim = c(0, 70), pch = 16,
+ cex = 0.5, add = TRUE)
```

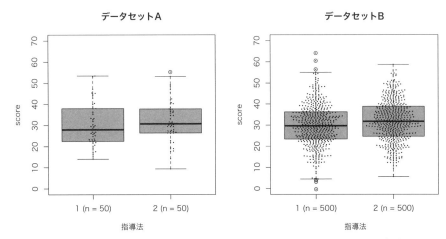

図6.1　データセットごとの得点分布の比較（蜂群図を重ねて描いた箱ひげ図）

　図6.1で視覚的に確認しても，2つのデータセットの平均値の違いは，ほとんど見られません。データセットBに有意差が見られるのは，サンプルサイズが大きいためです。p値の計算は，このようにサンプルサイズの影響を受けるため，実質的な効果の大小を判断する際に，あまり有効ではありません。つまり，「p値が小さいほど，差が大きい」というのは，誤った考え方です。

　有意差は，確率的に差があることを示しているだけで，差の意味までは説明してくれません（前田・山森，2004, p. 34）。つまり，有意差が見られたとしても，それが一体どれくらいの差なのかまではわかりません。そのような理由から，サンプルサイズによって影響を受けることがない指標である**効果量**の報告が必要です。外国語教育研究の分野で論文執筆ガイドラインとして使用されている*Publication Manual of the American Psychological Association*（APA）でも，2001年に発行された第5版から効果量の報告が推奨されており，2020年に発行された最新版（第7版）でもその記述は変わっていません。

　効果量は，測定単位に依存しない（標準化された）効果の程度を示す指標です。そのため，異なる測定方法を用いた異なる研究から得られたデータを比較したり，計算された効果量指標間の変換をしたりすることができます。効果量は，サンプルサイズを決定するための**検定力分析**や，いくつかの研究結果を統合して全体としての効果量を算出する**メタ分析**でも用いられるため，非常に重要な指標となります。

t 検定を用いるようなデータから効果量を計算する場合は，式 (6.1) や式 (6.2) を用いて，Cohen's d という効果量の指標を求めます[†3]。式 (6.1) は，実験群と統制群のサンプルサイズが同じ場合の計算式です。t 値の計算式 (4.1) と比べるとわかるように，サンプルサイズが影響しないような式となっています。対応のある場合は，式 (6.2) のように，効果量の算出でもデータの対応（相関係数）を計算式に入れます[†4]。ちなみに，t 検定の効果量として，相関係数と同じ指標である r が報告されることもあります[†5]。

$$対応のない場合：d = \frac{実験群の平均値 - 統制群の平均値}{\sqrt{\dfrac{実験群の標準偏差^2 + 統制群の標準偏差^2}{2}}} \quad (6.1)$$

$$対応のある場合：d = \frac{対応なしの場合の d 値}{\sqrt{2(1 - 対応のあるデータの相関係数)}} \quad (6.2)$$

6.2 効果量の大きさの基準

前節の式で計算する効果量 d は，グループごとの平均値（M）の差を標準化したものであるため，標準偏差（SD）を単位として，平均値がどれだけ離れているかを表しています。たとえば，$d = 1$ なら，1 標準偏差分だけ平均値が離れていることを意味しています。そして，効果量の大きさを解釈する際には，Cohen（1988）による，$d = 0.2$ を効果量小，$d = 0.5$ を効果量中，$d = 0.8$ を効果量大とする基準がよく用いられます。**図 6.2** は，Cohen の基準と平均値差のイメージを示したものです（SD がすべて 10 で，平均値差のみ変化させています）。

[†3] Kline（2004, p. 102）によれば，この計算によって得られる値は Hedges's g という指標であり，厳密にはこの指標を d と呼ぶのは間違いです。しかし，この指標が d として報告されることが圧倒的に多いため，本書でもこの指標を d と呼びます。

[†4] この式では，対応なしの場合の d を対応のあるデータの相関係数で調整しています。

[†5] 計算方法の詳細は，水本・竹内（2011）を参照。

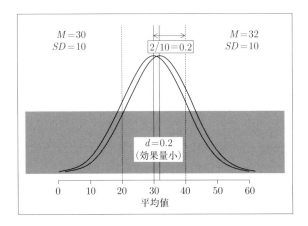

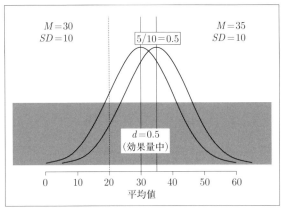

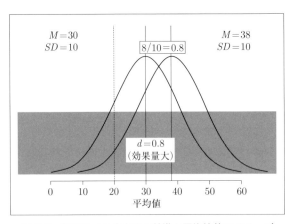

図 6.2　効果量 d の大きさの基準と平均値差のイメージ

　このように，効果量は，平均値と標準偏差のみで直感的に解釈できるもので
す。また，効果量はサンプルサイズの影響を受けないため，グループ間の差を分
析する場合は，p 値を最終的な判断材料とすべきではなく，まずは平均値，標準
偏差，そして効果量を計算し，実質的な差を検討すべきです。また，条件によっ
ては，「有意差があっても効果量が小さい場合」や「有意差がなくても効果量が
大きい場合」も考えられるため，有意差の有無にかかわらず，p 値と一緒に効果
量を報告しなければなりません。

　「効果量で実質的な差がわかるのであれば，統計的検定で p 値を見る必要はな
いのではないのか？」と感じるかもしれませんが，効果量のみでよいことはあり
ません。データのサンプリングがうまくいっていないために手もとのデータから
「たまたま」大きな差が得られた場合，効果量の解釈だけでは，その可能性を否
定できません。つまり，実質的な差を示す効果量が大きく，なおかつ統計的有意
差もあるというのが，理想的な統計的検定の形となります。

　Cohen（1988）の基準は，さまざまな分野で広く用いられていますが，もとも
とは社会科学全般を対象とした基準であるため，分野ごとの基準が必要である
と考えられています。たとえば，外国語教育研究の分野において，Plonsky and
Oswald（2014）は，これまでのデータに基づいて，対応なしの場合，$d = 0.40$
（効果量小），$d = 0.70$（効果量中），$d = 1.00$（効果量大），対応ありの場合，
$d = 0.60$（効果量小），$d = 1.00$（効果量中），$d = 1.40$（効果量大）という基準を
提唱しています。

　検定や分析によって，さまざまな効果量の指標が用いられます。たとえば，分
散分析の全体の検定では，ある要因の平方和が全体の平方和に占める割合を示し
た相関比 η を使って，η^2 で効果量が表されます。η^2 は R^2（8章）と同じもので
すが，分散分析では η^2 が効果量として報告されます（平井，2017）[6]。また，分散
分析の多重比較における効果量は，d で示すことが多いです（p 値のように第一
種の過誤を気にする必要がないため，有意水準を調整せずに，d を求めることが
できます）。

---

[6]　メタ分析でも，基本的に研究結果を統合する際には，条件が異なることが多い分散分析
　　を用いるようなデータよりも，2グループを比較したようなデザインがメタ分析の焦点
　　となることが多いため，η^2 を比較するようなものはあまりありません。

6.3　R による効果量の算出

　それでは，6.1 節で作成したシミュレーションデータの効果量を R で求めてみ
ましょう。効果量の計算には，compute.es パッケージ[†7] が便利です。

```
> # パッケージのインストール（初回のみ）
> install.packages("compute.es", dependencies = TRUE)
> # パッケージの読み込み
> library("compute.es")
> # データセットAの効果量算出
> mes(mean(a), mean(b), sd(a), sd(b), n.1 = 50, n.2 = 50)
Mean Differences ES:

 d [ 95 %CI] = -0.2 [ -0.6 , 0.2 ]
  var(d) = 0.04
  p-value(d) = 0.32
  U3(d) = 42.07 %
  CLES(d) = 44.38 %
  Cliff's Delta = -0.11

 g [ 95 %CI] = -0.2 [ -0.59 , 0.2 ]
  var(g) = 0.04
  p-value(g) = 0.32
  U3(g) = 42.13 %
  CLES(g) = 44.42 %

Correlation ES:

 r [ 95 %CI] = -0.1 [ -0.29 , 0.1 ]
  var(r) = 0.01
  p-value(r) = 0.33

 z [ 95 %CI] = -0.1 [ -0.3 , 0.1 ]
  var(z) = 0.01
  p-value(z) = 0.33

Odds Ratio ES:

 OR [ 95 %CI] = 0.7 [ 0.34 , 1.43 ]
  p-value(OR) = 0.32
```

---

†7　https://CRAN.R-project.org/package=compute.es

```
 Log OR [ 95 %CI] = -0.36 [ -1.08 , 0.36 ]
  var(lOR) = 0.13
  p-value(Log OR) = 0.32

 Other:

 NNT = -19.53
 Total N = 100
> # データセットBの効果量算出
> mes(mean(x), mean(y), sd(x), sd(y), n.1 = 500, n.2 = 500)
Mean Differences ES:

 d [ 95 %CI] = -0.2 [ -0.32 , -0.08 ]
  var(d) = 0
  p-value(d) = 0
  U3(d) = 42.07 %
  CLES(d) = 44.38 %
  Cliff's Delta = -0.11

 g [ 95 %CI] = -0.2 [ -0.32 , -0.08 ]
  var(g) = 0
  p-value(g) = 0
  U3(g) = 42.08 %
  CLES(g) = 44.38 %

 Correlation ES:

 r [ 95 %CI] = -0.1 [ -0.16 , -0.04 ]
  var(r) = 0
  p-value(r) = 0

 z [ 95 %CI] = -0.1 [ -0.16 , -0.04 ]
  var(z) = 0
  p-value(z) = 0

 Odds Ratio ES:

 OR [ 95 %CI] = 0.7 [ 0.56 , 0.87 ]
  p-value(OR) = 0

 Log OR [ 95 %CI] = -0.36 [ -0.59 , -0.14 ]
  var(lOR) = 0.01
  p-value(Log OR) = 0
```

```
Other:

NNT = -19.53
Total N = 1000
```

　compute.es パッケージの mes 関数では，2 つのグループの平均値，標準
偏差，サンプルサイズがあれば，効果量を計算できます[8]。前述のように，効
果量は計算された指標間で変換が可能であるため，Mean Differences ES や
Correlation ES といった指標も計算されています[9]。

　ここでは，Mean Differences ES の中の d の結果を確認します。データセッ
ト A では，d [95 %CI] = -0.2 [-0.6, 0.2]，データセット B では，d
[95 %CI] = -0.2 [-0.32, -0.08] という結果になっています。元々，平
均値差 2 点（標準偏差 10）というシミュレーションデータ（表 6.1）であったた
め，両方のデータセットにおいて，$d = 0.2$ と効果が小さく，差はそれほどない
と解釈します。なお，効果量においては，95％信頼区間以外で正負の意味がない
ため，絶対値で解釈を行います。[95 %CI] は，95％信頼区間を表しています。
95％信頼区間は，「効果量が正しい場合に，同じ実験を 100 回繰り返したら，95
回はこの範囲に値が収まる」という範囲を示しています。そして，データセット
A とデータセット B を比較すると，データセット A の信頼区間が広くなってい
ます。これは，データセット A のサンプルサイズが小さかったためで，サンプ
ルサイズが 10 倍のデータセット B の 95％信頼区間が狭くなっています。また，
[-0.6, 0.2] のように，95％信頼区間が 0 をまたいでいる場合は，2 つのグ
ループに差がないと解釈します。

---

[8]　この計算からも，サンプルサイズ，平均値，標準偏差が効果量計算に必要なものである
　　　ため，必ず報告しなければならないということがわかります。

[9]　以下のようなサイトでは，計算式を確認した上で変換ができます。http://escal.site/

6.4　4章のデータから効果量を計算

　最後に，4章のデータ（表4.1）を t 検定で分析した結果（4.3節）から効果量を計算します[10]。

```
> # 4章の対応のないt検定のデータから効果量を計算
> mes(60.24, 72.27, 15.81, 16.11, 33, 37)
Mean Differences ES:

 d [ 95 %CI] = -0.75 [ -1.25 , -0.26 ]
  var(d) = 0.06
  p-value(d) = 0
  U3(d) = 22.56 %
  CLES(d) = 29.71 %
  Cliff's Delta = -0.41

 g [ 95 %CI] = -0.74 [ -1.23 , -0.26 ]
  var(g) = 0.06
  p-value(g) = 0
  U3(g) = 22.81 %
  CLES(g) = 29.92 %

 Correlation ES:

 r [ 95 %CI] = -0.35 [ -0.55 , -0.12 ]
  var(r) = 0.01
  p-value(r) = 0

 z [ 95 %CI] = -0.37 [ -0.61 , -0.12 ]
  var(z) = 0.01
  p-value(z) = 0

 Odds Ratio ES:

 OR [ 95 %CI] = 0.26 [ 0.1 , 0.63 ]
  p-value(OR) = 0

 Log OR [ 95 %CI] = -1.37 [ -2.26 , -0.47 ]
  var(lOR) = 0.2
```

---

[10]　5章の分散分析の場合は，ANOVA君で効果量を計算できますが，多重比較の際に，効果量を自分で算出する必要があります。その際も，t 検定と同じ手順で効果量を算出することが可能です。

```
 p-value(Log OR) = 0

 Other:

 NNT = -6.91
 Total N = 70
```

　4章の独立した（対応のない）t検定でも，有意差あり（$p < .001$）という結果でしたが，d [95% CI] = -0.75 [-1.25, -0.26] という効果量の結果からも，実質的に大きな差があることが確認できます。

　続いて，4章の対応のある t 検定のデータ（表4.2）から，効果量を計算します。対応のあるデータの場合は，式 (6.2) に示したように，対応なしの場合の効果量 d を求めてから，対応のあるデータの相関係数で調整します。そのあと，psych パッケージの d.ci 関数を用いて，95％信頼区間を計算します。

```
> # 4章の対応のあるt検定のデータから効果量を計算
> # 対応なしの場合のdの計算
> res <- mes(67.33, 74.43, 9.66, 8.98, 30, 30)
Mean Differences ES:

 d [ 95 %CI] = -0.76 [ -1.3 , -0.23 ]
  var(d) = 0.07
  p-value(d) = 0.01
  U3(d) = 22.32 %
  CLES(d) = 29.52 %
  Cliff's Delta = -0.41

 g [ 95 %CI] = -0.75 [ -1.28 , -0.22 ]
  var(g) = 0.07
  p-value(g) = 0.01
  U3(g) = 22.62 %
  CLES(g) = 29.76 %

 Correlation ES:

 r [ 95 %CI] = -0.36 [ -0.56 , -0.11 ]
  var(r) = 0.01
  p-value(r) = 0.01

 z [ 95 %CI] = -0.37 [ -0.64 , -0.11 ]
```

```
 var(z) = 0.02
 p-value(z) = 0.01

Odds Ratio ES:

 OR [ 95 %CI] = 0.25 [ 0.1 , 0.66 ]
 p-value(OR) = 0.01

 Log OR [ 95 %CI] = -1.38 [ -2.35 , -0.41 ]
 var(lOR) = 0.24
 p-value(Log OR) = 0.01

Other:

 NNT = -6.87
 Total N = 60
> # 式 (6.2) を使用
> # 事前テストと事後テストの相関係数は0.6487101
> # res[, "d"]は効果量d
> d.val <- res[, "d"] / sqrt(2 * (1 - 0.6487101))
> # 95%信頼区間の計算
> library("psych")
> d.ci(d.val, n1 = 30)
         lower     effect      upper
[1,] -1.327785 -0.9067045 -0.4745329
```

　上記の実行結果を見ると，d [95% CI] = -0.91 [-1.33, -0.47]で
す。4章の対応のある t 検定でも，$p < .001$ という結果であったため，統計的に
も有意な差があり，効果量も大きいことがわかります。

　本章で説明してきたように，効果量は，p 値のように実質的な差や効果を誤っ
て解釈する可能性を避け，記述統計（平均値，標準偏差）に近い形で検討するこ
とができる指標です。したがって，効果量を可視化とともに示し，読者に結果を
正確にわかりやすく伝えるようにしましょう。

COLUMN ノンパラメトリック検定
──少人数の成績を比較したい──

　t 検定（4章），分散分析（5章）は，データの正規性（各グループの母集団の分布が正規分布している）が前提条件となっています。正規性が満たされない場合には，**ノンパラメトリック検定**を使います。ノンパラメトリック検定では，t 検定や分散分析などのパラメトリック検定の前提（母集団の分布が正規分布しており，手もとのデータを確率分布によってモデル化できる）を置きません。具体的には，点数を順位に変換するなどして，統計量を計算します。

　ここでは，t 検定と一元配置分散分析に対応するノンパラメトリック検定を紹介します[11]。最初に，独立した（対応のない）t 検定のケースを扱います。**図 6.3** のような2クラスの成績データでは，各クラスの人数が少なく，外れ値も含まれており，正規性が確認できないため，**Mann-Whitney の U 検定**を使います。以下の例では，coin パッケージ[12] の wilcox_test 関数を用いて，本書付属データに含まれている data_ch6-1.csv を分析しています。

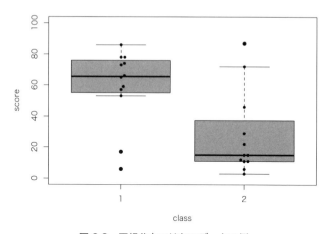

図 6.3　正規分布ではないデータの例

```
> # CSV ファイルの読み込み（ヘッダーがある場合）
> # data_ch6-1.csv を選択
> dat <- read.csv(file.choose(), header = TRUE)
> # パッケージのインストール（初回のみ）
```

[11]　二元配置以上の分散分析に対応するノンパラメトリック検定はありません。
[12]　https://CRAN.R-project.org/package=coin

```
> install.packages("coin", dependencies = TRUE)
> # パッケージの読み込み
> library("coin")
> # Mann-Whitney の U 検定
> res <- wilcox_test(dat$score ~ factor(dat$class),
+ distribution = "exact")
> res

         Exact Wilcoxon-Mann-Whitney Test

data:  dat$score by factor(dat$class) (1, 2)
Z = 2.3981, p-value = 0.01506
alternative hypothesis: true mu is not equal to 0
> # 効果量 r の計算
> # res@statistic@teststatistic は，上の結果の Z 値と同じ
> r <- abs(res@statistic@teststatistic) /
+ sqrt(length(dat$score))
> r
[1] 0.489508
> # 効果量 r の 95% 信頼区間の算出
> library("psych")
> r.con(r, length(dat$score), p = .95, twotailed = TRUE)
[1] 0.1072993 0.7456619
```

　Mann-Whitney の U 検定の結果を見ると，2 クラスの点数の順位平均に 5％水準の有意差があるとわかります（$p = .015$）。また，効果量も，$r = 0.49$（95% CI [0.11, 0.75]）となっていて，大きな差が確認できます。

　次に，対応のある t 検定のように繰り返しのあるデータ（本書付属データに含まれている data_ch6-2.csv）を分析します。ここでは，exactRankTests パッケージ[13] の wilcox.exact 関数を用いて，**Wilcoxon の符号付順位和検定**を実行します[14]。

```
> # CSV ファイルの読み込み（ヘッダーがある場合）
> # data_ch6-2.csv を選択
```

---

[13]　https://CRAN.R-project.org/package=exactRankTests

[14]　exactRankTests パッケージの wilcox.exact 関数を実行すると，Package 'exactRankTests' is no longer under development. Please consider using package 'coin' instead. というエラーが表示されることがあります。もし coin パッケージで Wilcoxon の符号付順位和検定を実行する場合は，wilcoxsign_test 関数を用います。https://oku.edu.mie-u.ac.jp/~okumura/stat/signtest.html

```
> dat.2 <- read.csv(file.choose(), header = TRUE)
> # Wilcoxon の符号付順位和検定
> # パッケージのインストール（初回のみ）
> install.packages("exactRankTests", dependencies = TRUE)
> # パッケージの読み込み
> library("exactRankTests")
> res.2 <-
+ wilcox.exact(dat.2$pre, dat.2$post, paired = TRUE)
> res.2

        Exact Wilcoxon signed rank test

data:  dat.2$pre and dat.2$post
V = 74.5, p-value = 0.04126
alternative hypothesis: true mu is not equal to 0
> # 効果量 r の計算
> z <- qnorm(1 - (res.2$p.value / 2))
> r <- z / sqrt(length(dat.2$pre) * 2)
> r
[1] 0.3726175
> # 効果量 r の 95% 信頼区間の算出
> r.con(r, length(dat.2$pre * 2), p = .95,
+ twotailed = TRUE)
[1] -0.1725888  0.7430486
```

　上記の実行結果を見ると，2つの対応のある（事前と事後の）テスト点数に5%水準の有意差があるとわかります（$p = .041$）。また，効果量は，$r = 0.37$（95% CI [-0.17, 0.74]）であり，95%信頼区間が広く，0を含んでいるために，結果の一般化が難しいとわかります。

　続いて，本書付属データに含まれている data_ch6-3.csv を使って，繰り返しのない一元配置分散分析に対応する **Kruskal-Wallis 検定**を実行します。R で Kruskal-Wallis 検定を行う場合は，kruskal.test 関数を用い，多重比較には pairwise.wilcox.test 関数による Mann-Whitney の U 検定を用います。

```
> # CSV ファイルの読み込み（ヘッダーがある場合）
> # data_ch6-3.csv を選択
> dat.3 <- read.csv(file.choose(), header = TRUE)
> # Kruskal-Wallis 検定
> res.3 <-
```

```
+ kruskal.test(dat.3$score ~ factor(dat.3$class))
> res.3

        Kruskal-Wallis rank sum test

data:  dat.3$score by factor(dat.3$class)
Kruskal-Wallis chi-squared = 10.879, df = 2, p-value =
 0.004341
> # 効果量 r の計算
> z.2 <- qnorm(1 - (res.3$p.value / 2))
> r.2 <- abs(z.2) / sqrt(nrow(dat.3))
> r.2
[1] 0.4251917
> # 効果量 r の 95% 信頼区間の算出
> r.con(r.2, nrow(dat.3), p = .95, twotailed = TRUE)
[1] 0.1504330 0.6389761
> # 多重比較 (Holm の方法)
> # 引数 p.adj で "bonferroni" を指定すれば，Bonferroni の方法
> pairwise.wilcox.test(dat.3[, 2], dat.3[, 1],
+ p.adj = "holm", exact = FALSE, correct = FALSE)

    Pairwise comparisons using Wilcoxon rank sum test

data:  dat.3[, 2] and dat.3[, 1]

  1      2
2 0.0022 -
3 0.6329 0.0618

P value adjustment method: holm
```

Kruskal-Wallis 検定の結果を見ると，３つのクラスの順位平均に有意な差があるとわかります（$p = .004$）。また，効果量は，$r = 0.43$（95% CI [0.15, 0.64]）です。そして，多重比較の結果を見ると，クラス１とクラス２の間にのみ，有意差（$p = .002$）が確認できます。

最後に，本書付属データに含まれている data_ch6-4.csv を使って，繰り返しのある一元配置分散分析に対応する **Friedman 検定**を実行します。多重比較には，pairwise.wilcox.test 関数を用います。

```
> # CSV ファイルの読み込み（ヘッダーがある場合）
> # data_ch6-4.csv を選択
```

```
> dat.4 <- read.csv(file.choose(), header = TRUE)
> # Friedman 検定（データを行列に変換）
> res.4 <- friedman.test(as.matrix(dat.4))
> res.4


        Friedman rank sum test

data:  as.matrix(dat.4)
Friedman chi-squared = 12.766, df = 2, p-value = 0.00169
> # 効果量 r の計算
> z.3 <- qnorm(1 - (res.4$p.value / 2))
> r.3 <- abs(z.3) / sqrt(nrow(dat.4))
> r.3
[1] 0.8708503
> # 効果量 r の 95% 信頼区間の算出
> r.con(r.3, nrow(dat.4), p = .95, twotailed = TRUE)
[1] 0.6149190 0.9608129
> # 型の変更
> dat.5 <- stack(dat.4)
> x <- dat.5[, 1]
> y <- dat.5[, 2]
> # 多重比較（引数 paired で TRUE を指定）
> pairwise.wilcox.test(x, y, p.adj = "holm",
+ exact = FALSE, paired = TRUE, correct = FALSE)


    Pairwise comparisons using Wilcoxon signed rank test

data:  x and y

          pre   post
post      0.04  -
delayed   0.96  0.04

P value adjustment method: holm
```

　Friedman 検定の結果を見ると，3 回の繰り返しデータに有意差がある
とわかります（$p = .002$）。また，効果量は，$r = 0.87$（95% CI [0.61,
0.96]）です。そして，多重比較の結果を見ると，事前（pre）と事後
（post），そして，事後（post）と遅延（delayed）の間に，有意差（2 つの
組合せとも $p = .04$）が確認されます。
　なお，ノンパラメトリック検定の効果量については，水本・竹内（2011）
などを参照してください。

7 章

相関分析
──中間試験と期末試験の成績の関係を調べたい──

　本章では，2つのテスト得点の間にある相関関係を分析したり，散布図で可視化したりする方法を学びます。データに基づいた教育的な意思決定を行う上で重要となる相関と因果の違い，さらに，テストの妥当性・信頼性についても扱います。

7.1　相関分析の考え方

　4章から6章まで，テストの平均点に差があるかどうかを扱ってきました。たしかに，中間試験から期末試験にかけて平均点が上がっていれば，その期間中に行った指導に一定の効果があったと言えるかもしれません。しかし，2つの試験の得点を詳しく調べれば，成績が上がった学習者もいれば，下がった学習者や変わらなかった学習者もいるはずです。テストの平均点だけでは見えない成績の傾向を調べる必要があるでしょう。

　中間試験で高得点をとれる学習者は，期末試験でも高得点をとれることが期待できます。このように，一方の値が大きいほど，もう一方の値も大きくなる傾向のことを「2つの変数間に正の相関関係がある」と言います。逆に，一方の値が大きいほど，もう一方の値が小さくなる傾向を「2つの変数間に負の相関関係がある」と言います。このような関係を分析することを**相関分析**と言います。相関分析では，関係の強さを数値で表す**相関係数**と，視覚的に表現する**散布図**がよく用いられます。

　相関係数は，1から −1 までの値をとります[†1]。たとえば，相関係数が 0.8 のとき，一方の変数が 1 変わると，他方の変数は 0.8 変わることになります。この

---

†1　相関係数の求め方については，南風原（2002a）の3章を参照。

ように相関係数がプラスの場合は正の相関，マイナスの場合は負の相関となります。また，相関係数が 0 に近づくほど，2 変数間の相関関係は弱くなります（相関係数が 0 であることを**無相関**と呼びます）。

なお，相関係数には，さまざまな種類があります。**表 7.1** に示すとおり，分析データの種類によって，どの相関係数を求めるのかを決めなければなりません（平井，2017）[†2]。たとえば，テストの点数は間隔尺度なので，Pearson の積率相関係数を使います。5 件法のアンケートなどのカテゴリーが少ない変数や順序尺度のデータを扱うときは，Spearman の順位相関係数などを使うことになります。

表 7.1　主な相関係数の種類とデータの種類

変数	相関係数の種類	データの種類
2 変数	Pearson の積率相関係数（r）	間隔尺度・比率尺度
	Spearman の順位相関係数（ρ）	順序尺度
	Kendall の順位相関係数（τ）	順序尺度
	点双列相関係数（r_{pb}）	一方は名義・順序尺度，他方は間隔尺度・比率尺度
	双列相関係数（r_b）	一方は 2 値データ，他方は間隔尺度・比率尺度
3 変数以上	重相関係数（R）	間隔尺度・比率尺度
	偏相関係数（${}_pr$）	間隔尺度・比率尺度
	部分相関係数（${}_sr$）	間隔尺度・比率尺度

データの散らばり具合で 2 変数間の関係性を示した図を散布図と呼びます。**図 7.1** は，相関係数の値を 1 から −1 まで小さくしていったときの散布図の変化を示しています。一目見てわかるように，相関係数の絶対値が大きいほど，2 つの変数は直線状に並びます。相関係数が正のときは右肩上がりに，負のときは右肩下がりになっていて，相関係数が 0 に近づくほどその関係性がわかりづらくなります。

[†2]　データの尺度の違いについては，平井（2017）の 1 章を参照。

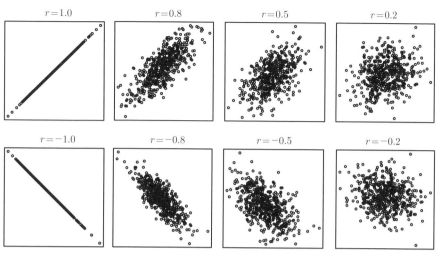

図 7.1 散布図と相関係数の対応関係

7.2 中間試験と期末試験の相関関係

相関分析では，表**7.2** に示すように，同じ学習者から集めた複数の変数を分析対象とします。ここでは，中間試験（mid）と期末試験（end）の 2 変数がどれくらい相関しているかを分析してみます。なお，右から 3 列は，授業評価アンケートにおける当該科目の好き嫌い（suki），満足度（manzoku），理解度（rikai）の回答を示しています（これらのデータは，7.4 節で使用します）。

表 7.2 中間試験・期末試験の成績と授業評価アンケートの一部

student	class	sex	faculty	mid	end	suki	manzoku	rikai
S001	A	M	F01	86	99	5	5	5
S002	A	F	F01	96	82	3	5	5
S003	A	M	F01	52	77	5	2	3
S004	A	F	F01	72	47	4	3	4
...	...	...	...	...	...	...	...	...

2 つの変数の関係を調べる相関分析では，中間試験と期末試験のどちらか一方しか受験していない学習者をデータから除外しなければなりません。まずは，成績データ（本書付属データに含まれている data_ch7-1.csv）を R に読み込ん

で，テスト未受験の学習者を除外します。ここでは，1列目から6列目までを分析に使用するため，na.omit 関数で dat[, 1 : 6] を指定します。未受験の学習者を除外したら，summary 関数を用いて，記述統計を確認します。その結果，中間試験から期末試験にかけて，中央値が6点，平均値が2.95点上昇しているとわかります。

```
> # CSVファイルの読み込み
> # data_ch7-1.csvを選択
> dat <- read.csv(file.choose(), header = TRUE)
> # 1〜6列目のうちNAのある行を削除
> dat.2 <- na.omit(dat[, 1 : 6])
> # NAのある行を削除したデータの冒頭を確認
> head(dat.2)
  student class sex faculty mid end
1    S001     A   M     F01  86  99
2    S002     A   F     F01  96  82
3    S003     A   M     F01  52  77
4    S004     A   F     F01  72  47
5    S005     A   F     F01  74  67
6    S006     A   M     F01  90  84
> # midとend（5〜6列目）の記述統計
> summary(dat.2[, 5 : 6])
      mid             end
 Min.   : 24.00   Min.   :  8.00
 1st Qu.: 60.00   1st Qu.: 59.00
 Median : 72.00   Median : 78.00
 Mean   : 70.63   Mean   : 73.58
 3rd Qu.: 82.00   3rd Qu.: 94.00
 Max.   :100.00   Max.   :100.00
```

それでは，cor 関数を使って，中間試験（mid）と期末試験（end）の相関分析をしてみましょう。その際，引数 method で "pearson" を指定すると，**Pearson の積率相関係数**が計算されます[3]。

```
> # 中間試験と期末試験のPearsonの積率相関係数
> cor(dat.2$mid, dat.2$end, method = "pearson")
[1] 0.6186017
```

---

[3]　引数 method で何も指定しない場合も，Pearson の積率相関係数がデフォルトで選択されます。

　相関係数の有意確率や 95% 信頼区間も求めたい場合は，cor.test 関数を用います。

```
> # 相関係数の有意確率（無相関検定）や95%信頼区間の計算
> cor.test(dat.2$mid, dat.2$end, method = "pearson")

        Pearson's product-moment correlation

data:  dat$mid and dat$end
t = 21.79, df = 766, p-value < 2.2e-16
alternative hypothesis: true correlation is not equal to 0
95 percent confidence interval:
 0.5729303 0.6604433
sample estimates:
      cor
0.6186017
```

　cor 関数の実行結果を見ると，中間試験と期末試験の相関係数が 0.62 であるとわかります。そして，cor.test 関数の実行結果を見ると，相関係数が 0.1% 水準で有意であり（p-value < 2.2e-16），95% 信頼区間は 0.57 から 0.66 の範囲であるとわかります。このように有意な正の相関関係が見られたことから，一方の試験で高い点数をとれているほど，もう一方の試験でも高い点数をとれていると解釈できます。

7.3　散布図

　相関分析においても，データの可視化は重要です。R で散布図を描く際は，plot 関数を使います。可視化するデータ（横軸に dat.2$mid，縦軸に dat.2$end）を指定したら，適宜，任意の引数でグラフのレイアウトを変更します。中間試験と期末試験のようなデータの場合は，abline 関数で対角線を描くことを推奨します。

　以下のコードを実行すると，**図 7.2** のような対角線ありの散布図を作成できます。4 章でも紹介したように，この散布図では，対角線より下側に位置する学習者は「中間試験よりも期末試験で点数が下がった」，対角線より上側に位置する学習者は「中間試験よりも期末試験で点数が上がった」ことが示されています。

そして，対角線上に位置する学習者は，「中間試験から期末試験にかけて点数が変わらなかった」ことになります。

```
> # 対角線ありの散布図の作成
> plot(dat.2$mid, dat.2$end,
+     # ドットの大きさを変更
+     cex = 1.2,
+     # 横軸・縦軸のラベルと範囲を変更
+     xlab = "中間テスト得点", xlim = c(0, 100),
+     ylab = "期末テスト得点", ylim = c(0, 100))
> # 散布図に切片a = 0，傾きb = 1の直線を表示
> abline(a = 0, b = 1, lty = 1)
```

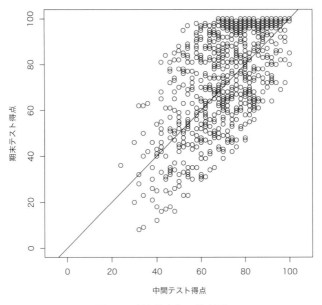

図 7.2　対角線ありの散布図

　psych パッケージの pairs.panels 関数を使うと，**図 7.3** のように，相関係数だけでなく，ヒストグラムや散布図なども同時に表示できます [4]。その際，分析データの指定方法が先ほどと異なることに注意してください。

---

[4]　回帰直線については，8 章を参照。

```
> # パッケージの読み込み
> library("psych")
> # 中間試験（5列目）と期末試験（6列目）の散布図を作成
> pairs.panels(dat.2[, 5 : 6],
+     # 回帰直線（黒色）とその95%信頼区間を表示
+     lm = TRUE, ci = TRUE, col = "black",
+     # ヒストグラムの色を変更
+     hist.col = "grey",
+     # ドットのスタイルを変更
+     pch = 21,
+     # 有意な相関係数にアスタリスクを付ける
+     stars = TRUE,
+     # 平滑線（smooth）と相関円（ellipses）を描画しない
+     smooth = FALSE, ellipses = FALSE)
```

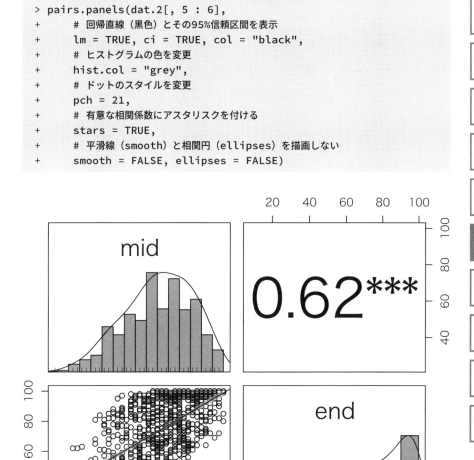

図 7.3　pairs.panels 関数による散布図

そして，層別の相関分析を行うと，属性の違いによる成績の傾向を調べること

ができます。たとえば，学部 F01 のみを対象に相関分析を行いたい場合は，以下のコードのような指定をします。F01 の相関係数は 0.60 で，全体の結果よりもわずかに相関が弱いことがわかりました。

```
> # 学部F01だけで相関分析
> cor(dat.2$mid[dat.2$faculty == "F01"],
+ dat.2$end[dat.2$faculty == "F01"], method = "pearson")
[1] 0.5999717
```

図 **7.4** は，lattice パッケージの xyplot 関数を用いて，学部別の相関関係を散布図で可視化したものです。この関数を使うと，層別の散布図を一度に作成することができます。

```
> # パッケージの読み込み
> library("lattice")
> # 中間試験と期末試験の散布図を学部別にプロット（実行結果は省略）
> xyplot(mid ~ end | faculty, data = dat.2,
+     # 中間の点数が80点以上か否かで色分け，異なるマーカーを使用
+     groups = mid >= 80, col = c("grey20", "grey40"),
+     pch = c(1, 16), cex = c(1.0, 1.0),
+     # 中間試験と期末試験の平均点ラインを描画
+     abline = list(h = mean(dat.2$mid), v = mean(dat.2$end),
+     col = "grey"))
> # F01~F09の順番を並び替えることも可能
> dat.2$faculty <- factor(dat.2$faculty,
+     levels = c("F07", "F08", "F09", "F04", "F05", "F06",
+     "F01", "F02", "F03"))
> xyplot(mid ~ end | faculty, data = dat.2,
+     groups = mid >= 80, col = c("grey20", "grey40"),
+     pch = c(1, 16), cex = c(1.0, 1.0),
+     abline = list(h = mean(dat.2$mid), v = mean(dat.2$end),
+     col = "grey"))
```

なお，図 7.4 では，abline 関数で中間試験と期末試験の平均点を散布図に示しています。この図を見ると，

- 交点の右上に位置する学習者は「中間試験も期末試験も平均点より高い」
- 交点の右下に位置する学習者は「中間試験は平均点より低いが期末試験は平

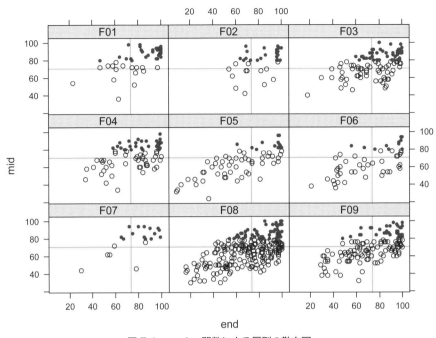

図 7.4 xyplot 関数による層別の散布図

均点より高い」

● 交点の左下に位置する学習者は「中間試験も期末試験も平均点より低い」

● 交点の左上に位置する学習者は「中間試験は平均点より高いが期末試験は平均点より低い」

とわかります。何らかの基準に沿ってドットの色や形を変更することも，データの解釈に有効です。

7.4 授業評価アンケートの分析

授業評価アンケートのようなデータを用いて相関関係を調べる場合，Pearson の積率相関係数を用いるのは不適切である可能性があります[†5]。3 件法や 5 件法

---

†5 厳密に言えば，Pearson の方法は，正規性を満たすデータにしか使えないパラメトリック手法です。データが正規分布しない場合は，順位相関係数などのノンパラメトリック手法を用います。

のようにカテゴリー数の少ない変数は，順序尺度として扱い，**Spearman の順位相関係数**で分析します。

　ここでは，表7.2 の 7 ～ 9 列目にある当該科目の好き嫌い（suki），満足度（manzoku），理解度（rikai）の各組合せで相関係数を計算します。

```
> # 7～9列目のうちNAのある行を削除
> dat.3 <- na.omit(dat[, 7 : 9])
> # Spearmanの相関係数を計算
> cor(dat.3, method = "spearman")
             suki   manzoku     rikai
suki    1.0000000 0.1754352 0.4985831
manzoku 0.1754352 1.0000000 0.5177924
rikai   0.4985831 0.5177924 1.0000000
```

　上記のコードの実行結果を見ると，科目の好き嫌いと満足度はあまり相関しないようです（$\rho = .18$）。これに対して，好き嫌いと理解度（$\rho = .50$），理解度と満足度（$\rho = .52$）の間には相関関係がありそうです。

　3 変数以上の組合せから相関係数の有意確率と 95 ％信頼区間を計算する場合は，psych パッケージの corr.test 関数が便利です。この関数における引数の指定方法は，cor 関数と同じです。そして，分析結果を表示する場合は，print 関数を使います。その際，引数 short で FALSE を指定すると，95 ％信頼区間も出力されます。

```
> # 3変数以上の組合せから相関係数の有意確率と95%信頼区間を計算
> res <- corr.test(dat.3, method = "spearman")
> print(res, short = FALSE)
Call:corr.test(x = dat.3, method = "spearman")
Correlation matrix
        suki manzoku rikai
suki    1.00    0.18  0.50
manzoku 0.18    1.00  0.52
rikai   0.50    0.52  1.00
Sample Size
[1] 790
Probability values (Entries above the diagonal are adjusted for
 multiple tests.)
        suki manzoku rikai
suki       0       0     0
```

```
manzoku      0        0        0
rikai        0        0        0

Confidence intervals based upon normal theory.  To get
bootstrapped values, try cor.ci
            raw.lower raw.r raw.upper raw.p lower.adj upper.adj
suki-manzk      0.11  0.18      0.24     0      0.11      0.24
suki-rikai      0.44  0.50      0.55     0      0.44      0.56
manzk-rikai     0.46  0.52      0.57     0      0.45      0.58
```

　上記の実行結果のうち，Correlation matrix は，Spearman の順位相関係数を示しています。Probability values は，無相関検定の結果を Holm の方法（5章）で補正した相関係数の有意確率です。今回のデータでは，3 変数すべての組合せで有意となっています。Confidence intervals based upon normal theory は，95%信頼区間を示しています。この結果を見ると，たとえば，好き嫌いと満足度の相関係数が 0.18 で，95%信頼区間が 0.11 から 0.24 の範囲であるとわかります。なお，lower.adj と upper.adj は，Holm の方法で補正した信頼区間となっています。

　続いて，当該科目の好き嫌い，理解度，満足度それぞれの間にある相関関係を散布図で可視化してみます。**図 7.5** は，その結果です。

```
> # 散布図
> plot(dat.3)
```

　図 7.5 を見てわかるように，5 件法のアンケートデータで散布図を描いても，さほど有益な情報は得られません。カテゴリーデータをプロットするときは，**気球グラフ**のように，特定のドットにどれだけの人数が含まれているのかを可視化できるグラフを選びましょう。

　気球グラフを作成するには，xtabs 関数を使って，アンケートデータをクロス集計表にまとめる必要があります。作成したクロス集計表を見ると，たとえば，満足度 5 と回答した学習者のうちの 97 名が理解度 4 と答え，96 名が理解度 5 と答えているとわかります。このクロス集計表に対して，gplots パッケージの balloonplot 関数を実行すると，**図 7.6** のような気球グラフを作成することができます。

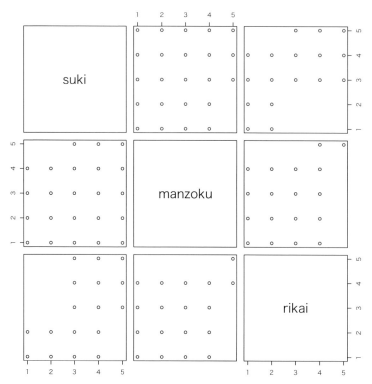

図 7.5　plot 関数による複数変数間の散布図

```
> # クロス集計表の作成
> ques <- xtabs( ~ manzoku + rikai, data = dat.3)
> ques
       rikai
manzoku  1  2  3  4  5
      1 28 18 26 25  0
      2 21 37 29 27  0
      3 25 21 35 18  0
      4 76 65 71 75  0
      5  0  0  0 97 96
> # パッケージの読み込み
> library("gplots")
> # 気球グラフのプロット
> balloonplot(ques)
```

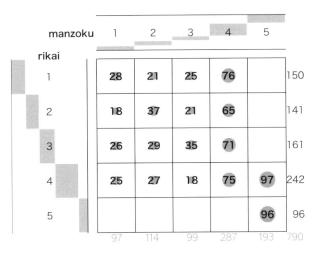

図 7.6　balloonplot 関数による気球グラフ

通常の散布図（図7.5）と違って，気球グラフ（図7.6）では，各ドットの度数が示されています。この図を見ると，対角線上の度数が周辺と比べて大きく，ある程度の相関関係があることが確認できます。

7.5　相関係数の解釈

7.5.1　相関の強さと有意確率

相関係数の大小には絶対的な解釈の基準がないため，分析した2変数の性質を考えて，相関関係の強さを検討する必要があります。たとえば，中間試験と期末試験の性質を考えてみると，両者には正の相関があってしかるべきです。したがって，相関係数が0に近かったり，負の相関になったりすることは考えにくいでしょう。

同じようなデータを分析した過去の相関係数を参照することも有効です。毎回のテスト結果を記録しておけば，それらと比べて今回の相関係数が大きいのか小さいのかを判断できます。この考え方は，6章で扱った効果量と同じものです。外国語教育研究の枠組みでは，過去の膨大な研究を統合して，相関係数の大きさ

の目安を「小さい」（$r = .20$），「中程度」（$r = .40$），「大きい」（$r = .60$）と定めています（Plonsky & Oswald, 2014）。他分野でも，同様の指標があれば，それを手もとのデータと突き合わせて，相関の強さを解釈することができるでしょう。

　前述のように，cor.test 関数を使うと，相関係数に加えて，有意確率も計算できます。ここで注意したいのは，相関分析における有意確率は，「得られた相関係数が 0（無相関）ではない」ことを示しているに過ぎない点です。つまり，統計的に有意な相関係数は，強い相関があることを保証する訳ではありません。相関係数の大きさを解釈するにあたって，有意確率の値のみにこだわるのは危険です。

7.5.2　相関と因果・疑似相関の問題

　7.4 節の授業評価アンケートの分析では，科目の好き嫌いと理解度に一定の相関関係が見られました。この結果から「その科目が好きな学習者は授業の理解度も高い」と判断してもよいのでしょうか。一方の変数を原因，もう一方の変数を結果として両者を結びつけることを**因果推論**と呼びます。上記の「その科目が好きな学習者は授業の理解度も高い」という推論は一見妥当なように思えますが，相関係数が因果関係を証明する訳ではありません。なぜなら，好き嫌いと理解度の相関関係が強い場合，

①　その科目が好きだから授業もよく理解できたという方向
②　授業をよく理解できたからその科目が好きになったという方向

という 2 種類の因果関係が考えられるからです。

　本当は因果関係がないのに，潜在的な変数によって因果関係があるように見える**疑似相関**にも気を付けなければなりません。先ほどの「その科目が好きな学習者は授業の理解度も高い」という因果関係を考えてみましょう。この因果関係が仮に正しければ，学習者にとって興味深い，その内容を好きになってもらえるような授業をするのがよいことになります。しかし，「科目が好き→たくさん勉強できる→よい成績がとれる」のように，原因と結果の間に隠れた要因が存在するかもしれません。もしそのような隠れた要因が存在するのであれば，勉強時間を確保できるような授業を組み立てるほうが効果的でしょう。このように，相関分析の結果から教育的な意思決定をする場合は，因果の方向や疑似相関について深く考える必要があります。

7.6 テストの妥当性と信頼性

　相関分析は，テストの**妥当性**と**信頼性**の検討にも使えます。テストの妥当性は，テストの点数が測定したい能力を反映している度合いを指します。たとえば，自作の英語試験と TOEFL iBT との相関が弱かったとします。英語力が高ければ両方の試験で高得点をとれるはずなのに，そうではない結果になったのであれば，自作の試験が英語力を適切に測定できていなかった可能性があります。つまり，理論的に強い相関を示すべき変数間で実際に強い相関があるか（収束的証拠）を確認することが大切です。また，英語と体育のように，理論的には弱い相関を示すべき変数間に実際に弱い相関が見られること（弁別的証拠）を確認するのも重要です。

　また，テストの信頼性は，テストの点数が受験者の能力の高さを正確に反映している度合いを指します。たとえば，あまりに難しい設問だったために，本当は能力のある受験者が正解できず，そうでない受験者が偶然に正解してしまうことが起きると，テストの信頼性は下がってしまいます。これを相関分析の枠組みで考えると，50 項目のテストのうち，25 項目で高得点をとれるならば，残り 25 項目でも高得点をとれることが期待されます。このような分析を行うための方法の 1 つとして，**Cronbach の α 係数**を紹介します。

　表 7.3 は，本節で分析するテスト項目の正答データを示しています。設問数は "item1" から "item5" までの 5 項目で，正解を 1，不正解を 0 と入力しています（素点を入力することもできます）。まずは，このデータ（本書付属データに含まれている data_ch7-2.csv）を R に読み込んでみましょう。

表 7.3　テスト項目の正答データ

student	item1	item2	item3	item4	item5
S001	1	1	1	1	0
S002	1	0	0	1	1
S003	0	1	0	1	1
S004	1	1	1	1	1
...	...	...	...	...	...

```
> # CSVファイルの読み込み
> # data_ch7-2.csvを選択
> dat.4 <- read.csv(file.choose(), header = TRUE)
> # 読み込んだデータの冒頭の確認
> head(dat.4)
  student item1 item2 item3 item4 item5
1   S001      1     1     1     1     0
2   S002      1     0     0     1     1
3   S003      0     1     0     1     1
4   S004      1     1     1     1     1
5   S005      0     0     0     0     0
6   S006      1     1     0     0     1
```

続いて，psych パッケージの alpha 関数を使って，分析データの 1 列目（student）を除いたデータから Cronbach の α 係数を求めます。

```
> # 1列目を除いたデータからCronbachのα係数を計算
> alpha(dat.4[, -1])
Reliability analysis
Call: alpha(x = dat.4[, -1])

  raw_alpha std.alpha G6(smc) average_r S/N  ase  mean   sd median_r
       0.73      0.74    0.84      0.36 2.8 0.032  0.6 0.35     0.38

 lower alpha upper     95% confidence boundaries
  0.67  0.73   0.8

 Reliability if an item is dropped:
      raw_alpha std.alpha G6(smc) average_r S/N alpha    se var.r med.r
item1      0.63      0.64    0.76      0.31 1.8        0.046 0.082  0.38
item2      0.63      0.64    0.76      0.31 1.8        0.046 0.082  0.38
item3      0.68      0.68    0.64      0.35 2.1        0.039 0.014  0.36
item4      0.67      0.68    0.78      0.34 2.1        0.042 0.111  0.37
item5      0.79      0.80    0.76      0.49 3.9        0.025 0.020  0.47
    (省略)
```

上記は，alpha 関数の実行結果の一部です。そのうち，raw_alpha を見ると，α 係数が 0.73 であることがわかります。テストの種類にもよりますが，テストの信頼性を保証するためには，α 係数が 0.80 を超えることが求められるため（平井，2017），このテストには何かしらの改善が必要です。Reliability if an item is dropped の結果は，特定の項目をテストから除外したときに，α 係数がどのように変化するのかを示しています。たとえば，item5 を除くと，α 係数が 0.79 まで改善します。したがって，item5 を含めずにテストの点数を求めるほうが，より正確に受験者の能力を識別できることになります。テストの妥当性と信頼性については，そのテストが教育的に重要な意味を持つ場面（単位取得にかかわる試験など）であるほど，真剣に検討する必要があります。

COLUMN テキストマイニング
──授業評価アンケートの自由記述を分析したい──

　近年，アンケートの自由回答データなどを定量的に分析する**テキストマイニング**の技法が大きな注目を集めています。テキストマイニングは，テキスト（言語データ）を対象とするデータマイニングの理論および技術の総称です（小林，2017）。

　ここでは，授業評価アンケートにおける自由記述の分析方法を簡単に紹介します。アンケートの回答者は 100 名です[6]。まずは，このデータ（本書付属データに含まれている data_ch7-3.csv）を R に読み込みます。なお，日本語の文章をコンピュータで分析できるようにするためには，文章を単語単位に分割する**形態素解析**という処理が必要になります。そこで，RMeCab パッケージの RMeCabDF 関数を用いて，アンケートの自由記述の形態素解析を行います[7]。

```
> # パッケージの読み込み
> library("RMeCab")
> # 分析データの読み込み
> # data_ch7-3.csv を選択
> dat.5 <- read.csv(file.choose(), header = FALSE)
> # 形態素解析
> RMC <- RMeCabDF(dat.5)
> # 100 名分の自由回答を結合
> RMC.2 <- unlist(RMC)
```

[6]　このデータは，小林（2018）で分析されているものです。なお，文字コードが Shift-JIS となっているため，Mac などの環境で読み込む場合は，UTF-8 などに適宜変換してください。

[7]　RMeCab パッケージのインストール方法は，通常のパッケージのインストール方法と異なります。詳しくは，公式ウェブサイト（http://rmecab.jp/wiki/index.php?RMeCab）を参照してください。

```
> # 結合したデータの冒頭を確認
> head(RMC.2)
    名詞      助詞      名詞      助詞      動詞      動詞
 "先生"    "の"    "熱意"    "が"    "感じ"    "られ"
```

　形態素解析を行ったのち，自由回答で多く使われている単語の頻度を集計します。その際，すべての単語をまとめて集計すると，句読点などの記号，助詞や助動詞などの機能語が頻度の上位を占めてしまい，集計結果の解釈が難しくなることがあります。そこで，今回は名詞のみを対象とする頻度集計を行います。

```
> # 形態素解析の結果をデータフレームに変換
> RMC.3 <- data.frame(RMC.2, names(RMC.2))
> # 列名を編集
> colnames(RMC.3) <- c("Word", "POS")
> # データフレームの冒頭を確認
> head(RMC.3)
  Word  POS
1 先生   名詞
2  の   助詞
3 熱意   名詞
4  が   助詞
5 感じ   動詞
6 られ   動詞
> # データフレームから名詞の行だけを抽出
> noun <- RMC.3[RMC.3$POS == "名詞", ]
> # 抽出した結果（冒頭の３つ）を確認
> head(noun, 3)
  Word  POS
1 先生   名詞
3 熱意   名詞
8  点   名詞
> # 名詞の頻度を集計
> noun.list <- table(noun[, 1])
> # 頻度の高い順に並び替え
> noun.list.2 <- sort(noun.list, decreasing = TRUE)
> # 並び替え結果をデータフレームに変換
> noun.list.3 <- data.frame(noun.list.2)
> # 列名を編集
> colnames(noun.list.3) <- c("Word", "Freq")
> # 頻度上位の名詞（冒頭の３つ）を確認
```

```
> head(noun.list.3, 3)
  Word Freq
1 授業   26
2 先生   23
3 教室   19
```

　上記の分析結果を見ると，「授業」，「先生」，「教室」などの名詞が多く使われているとわかります。なお，実際のアンケート分析では，これらの単語がどのような文脈で用いられているかを把握するために，用例検索などを合わせて行います。

　用例検索をする場合は，**KWIC コンコーダンス**という表示方法がしばしば用いられます。「KWIC」は「Key Word In Context」の略で，「コンコーダンス」は「用例索引」という意味の単語です。この表示方法では，注目する単語が画面の中央に縦に並べられるため，その左右を見比べることで，その単語がどのような文脈で使われているかを簡単に確認することができます。

　R で KWIC コンコーダンスを作成する関数は，以下のように定義します[†8]。若干複雑なコードですが，参考までに紹介します。

```
> # KWIC コンコーダンスを作成する関数の定義
> kwic.conc <- function(vector, word, span){
+     word.vector <- vector　# 分析対象とするベクトルを指定
+     word.positions <- which(word.vector == word)
+     # 分析対象とする単語の出現位置を特定
+     context <- span　# 単語の文脈を左右何語ずつ表示するかを指定
+     # 用例を検索
+     for(i in seq(word.positions)) {
+         if(word.positions[i] == 1) {
+             before <- NULL
+         } else {
+         start <- word.positions[i] - context
+         start <- max(start, 1)
+         before <-
+             word.vector[start : (word.positions[i] - 1)]
+     }
+     end <- word.positions[i] + context
+     after <- word.vector[(word.positions[i] + 1) : end]
+     after[is.na(after)] <- ""
+     keyword <- word.vector[word.positions[i]]
```

---

†8　Mac で実行する場合は，コードの中の改行記号（2 箇所）を「¥n」ではなく，「\n」にしてください。

```
+    # 用例を表示
+    cat("--------------------", i,
+        "--------------------", "¥n")
+    cat(before, "[", keyword, "]", after, "¥n")
+    }
+ }
```

　ここで定義した kwic.conc 関数は 3 つの引数を持ち，分析対象とするベクトルデータ（vector），分析対象とする単語（word），分析対象とする単語の文脈を左右何語ずつ表示するか（span），をそれぞれ指定します。以下は，「教室」という名詞の用例を検索し，左右 5 語ずつの文脈とともに表示した結果です [†9]。この結果を見ると，教室の Wi-Fi や温度などに問題があるとわかります。

```
> # 「教室」の用例検索
> kwic.conc(RMC.2, "教室", 5)
-------------------- 1 --------------------
授業 で 使って いる [ 教室 ] の Wi - Fi が
-------------------- 2 --------------------
。 試験 の とき に [ 教室 ] が 暑くて 、問題
  （省略）
```

　もちろん，名詞だけではなく，他の品詞を検討することも有用です。たとえば，今回分析したアンケートデータにおける形容詞の「ほしい」，副詞の「もう少し」や「もっと」の用例を確認すると，「学生に質問してほしい」，「もう少し早くテーマを教えて」ほしかった，「もっと深い話も」聞きたかったといった受講生の要望や意見を知ることができます。テキストマイニングの詳細については，小林（2017, 2018）を参照してください。

---

†9　ここでは紙面の都合で文脈を左右 5 語ずつにしていますが，左右 10 語くらいにしたほうが文脈を読み取りやすくなります。

発展編

8 章

回帰分析
──テスト欠席者の見込み点を予測したい──

　本章では，複数の変数を直線的な関係でモデル化する回帰分析を紹介します。変数間の関係性を単回帰分析や重回帰分析でモデル化することで，成績データから結果を予測する方法を説明します。

8.1　回帰分析の考え方

　7 章で説明したように，2 つの変数の相関関係が強いほど，変数間に直線的な関係が見られます（図 7.1）。そして，本章で扱う**回帰分析**は，**図 8.1** のように，図中のデータの中心を通るような直線を求める手法です[†1]。

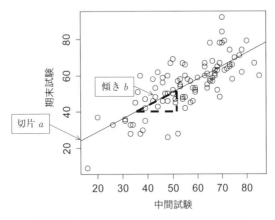

図 8.1　中間試験と期末試験の成績の散布図

　この直線は**回帰直線**と呼ばれ，式 (8.1) に示すとおり，切片（a）と傾き（b）

---

†1　本書で紹介する回帰分析では，**最小二乗法**という手法を用いています。数理的な詳細については，南風原（2002a）の 3 章や豊田（2012a）の 2 章を参照。

を持つ一次関数になります。この式において，x は y を変化させる変数であり，y を予測するための**予測変数**と呼ばれます。一方，y は x に任意の値を代入した結果として得られる変数として，**結果変数**と呼ばれます[2]。

$$y = a + bx \tag{8.1}$$

この数式で変数間の関係をモデル化すると，予測変数から結果変数の値を求めることが可能になります。本章では，中間試験と小テストの成績から期末試験を受けなかった学習者の成績を予測します[3]。

8.2 単回帰分析

単回帰分析は，1つの予測変数で回帰直線を求める手法です。ここでは，中間試験の成績から期末試験の成績を予測します。まずは，成績データ（本書付属データに含まれている data_ch8-1.csv）を R に読み込みます。その際，欠損値（NA）の有無を確認すると，S001 の学習者が期末試験（end）を受験していないことがわかります[4]。そこで，na.omit 関数を用いて，未受験の学習者を除外しておきます。

```
> # CSVファイルの読み込み
> # data_ch8-1.csvを選択
> dat <- read.csv(file.choose(), header = TRUE, row.names = 1)
> # 欠損値（NA）の有無を確認
> subset(dat, complete.cases(dat) == FALSE)
     mid end quiz
S001  77  NA   36
> # 中間（1列目）と期末（2列目）の成績を抽出し，NAを含む行を削除
> dat.2 <- na.omit(dat[, 1 : 2])
> # 中間と期末の成績を抽出し，NAを含む行を削除したデータの冒頭を確認
> head(dat.2)
    （省略）
```

---

[2]　予測変数と結果変数は，説明変数と目的変数，または独立変数と従属変数と呼ばれることもあります。

[3]　本章では，変数が間隔尺度または比例尺度による回帰分析を紹介します。名義尺度や順序尺度を扱う場合は，決定木分析（11章のコラム）などを使います。

[4]　ここで用いている complete.cases 関数は，NA の有無を判定する関数で，subset 関数は指定した条件に一致するデータを抽出する関数です。

　図 **8.2** に示すように，回帰分析は，外れ値の影響を強く受けます。左の散布図に回帰直線を引く場合，中央の散布図のような 6 点を通る直線を引きたくなるかもしれません。しかし，右下にある外れ値のために，実際には右の散布図における破線のような回帰直線が引かれてしまいます。

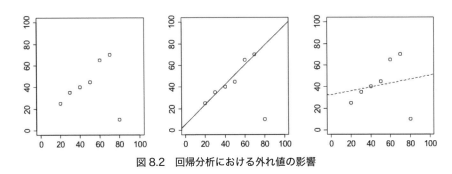

図 8.2　回帰分析における外れ値の影響

　したがって，回帰分析を行う場合は，外れ値の影響を調べるために，散布図などでデータの分布を把握する必要があります。今回のデータの場合，**図 8.3** のように，中間試験の点数が高いにもかかわらず，期末試験の点数がかなり低い学習者が 2 名います。

```
> # 散布図
> plot(dat.2, xlim = c(0, 100), ylim = c(0, 100),
+ xlab = "中間試験", ylab = "期末試験")
```

　そして，これらの学習者が外れ値かどうかを統計的に判断する際は，**Mahalanobis の距離**を用います。以下のように，mahalanobis 関数で分析データ（dat.2），各列の平均 [5]，共分散（cov 関数で計算）を指定すると，データが平均からどれくらい外れているかが計算されます [6]。

---

[5]　各列の平均値は，apply 関数で求めます。その際，第 1 引数にデータ，第 2 引数に 2，第 3 引数に mean を指定すると，指定したデータの列平均が計算されます。

[6]　Mahalanobis の距離がどれくらいになれば外れ値と見なすかは，サンプルサイズと予測変数の数，有意水準によって決まります。ここでは，Mahalanobis の距離による検定統計量（F 統計量）が，F 分布の 90% 分位点を超えるケースを外れ値としています。

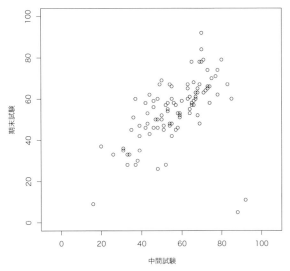

図 8.3　散布図によるデータの確認

```
> # Mahalanobisの距離
> d <- mahalanobis(dat.2, apply(dat.2, 2, mean), cov(dat.2))
> # データの行数と列数の計算
> n <- nrow(dat.2)
> v <- ncol(dat.2)
> # 外れ値の検出
> out <- n * (n - v) / ((n ^ 2 - 1) * v) * d > qf(0.9, n, v)
> # 散布図に外れ値を表示
> plot(dat.2, pch = ifelse(out, 16, 21), xlim = c(0, 100),
+ ylim = c(0, 100), xlab = "中間試験", ylab = "期末試験")
> # 外れ値の行番号とラベルを表示
> text(dat.2[out, ] - 3, labels = paste(which(out), ":",
+ rownames(dat.2)[out]))
> # 外れ値の除外
> dat.3 <- dat.2[-which(out == TRUE), ]
```

　そして，上記のコードを実行すると，**図 8.4** の右下に示されているように，
S035（34 行目）と S069（68 行目）が外れ値であるとわかります。そこで，こ
れ以降の分析では，この 2 つの外れ値を除外します。

　それでは，lm 関数を用いて，中間試験から期末試験の成績を予測する単回帰
分析を行います。分析結果は，summary 関数で確認します。

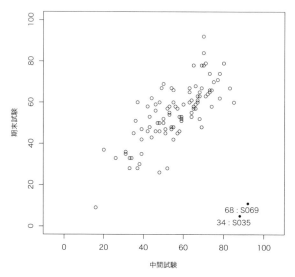

図 8.4　Mahalanobis の距離による外れ値の検知

```
> # 単回帰モデル（結果変数 ～ 予測変数）
> model.1 <- lm(end ~ mid, data = dat.3)
> summary(model.1)
Call:
lm(formula = end ~ mid, data = dat2)
Residuals:
     Min       1Q    Median       3Q       Max
-24.2474   -5.4599   -0.7961    5.0888   26.6908
Coefficients:
             Estimate  Std. Error  t value  Pr(>|t|)
(Intercept)   14.5133      3.7623    3.858  0.000208 ***
mid            0.7257      0.0650   11.164   < 2e-16 ***
---
Signif. codes:  0 '***' 0.001 '**' 0.01 '*' 0.05 '.' 0.1 ' ' 1
Residual standard error: 9.314 on 95 degrees of freedom
Multiple R-squared: 0.5674,  Adjusted R-squared: 0.5629
F-statistic: 124.6 on 1 and 95 DF,  p-value: < 2.2e-16
```

　上記の実行結果のうち，Coefficients にある Estimate は，回帰直線の傾き（mid）と切片（Intercept）の推定値です。回帰直線の傾きは，**偏回帰係数**と呼ばれます。mid の偏回帰係数は 0.73 で，切片は 14.51 です。p 値（Pr(>|t|)）は，これらの数値が統計的に有意かどうかを示しています。これ

らの結果から，式 (8.2) のような「中間試験の成績が 1 点上がると，期末試験の成績は 0.73 点上がる」という単回帰式が得られます。

$$期末試験 = 14.51 + 0.73 \times 中間試験 \tag{8.2}$$

　散布図上に回帰直線を図示するには，abline 関数を使います。以下のコードを実行すると，式 (8.2) に基づく回帰直線が引かれます（**図 8.5**）。

```
> # 回帰直線の可視化
> plot(dat.3, xlim = c(0, 100), ylim = c(0, 100),
+ xlab = "中間試験", ylab = "期末試験")
> abline(model.1)
```

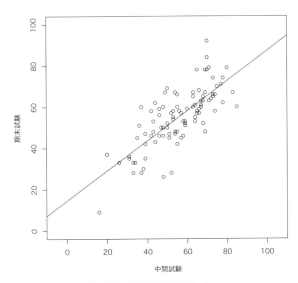

図 8.5　回帰直線の可視化

　単回帰モデル（model.1）を confint 関数に渡して，偏回帰係数と切片の 95%信頼区間を求めることもできます。そうすると，以下のように，偏回帰係数（mid）が 0.60 から 0.85，切片（Intercept）が 7.04 から 21.98 の範囲に含まれる可能性が高いとわかります。作成済みの散布図に対して，以下のコードを実行すると，95%信頼区間が可視化されます（**図 8.6**）。

```
> # 傾きと切片の95%信頼区間
> confint(model.1, level = 0.95)
              2.5 %     97.5 %
(Intercept) 7.0442767 21.982321
mid         0.5966093  0.854701
> # 新しいデータ（0点から100点まで1点刻み）を用意
> new <- data.frame(mid = seq(0, 100, 1))
> # 95%信頼区間の可視化
> confidence <- predict(model.1, newdata = new,
+ interval = 'confidence', level = 0.95)
> lines(new$mid, confidence[, 2], lty = 3)
> lines(new$mid, confidence[, 3], lty = 3)
```

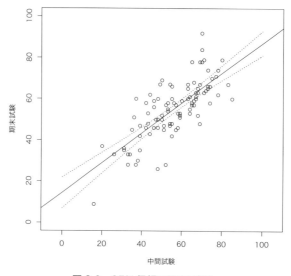

図 8.6　95% 信頼区間の可視化

　lm 関数の実行結果のうち，Multiple R-squared（R^2）は**決定係数**と呼ばれ，予測の精度を評価するための指標になります[7]。R^2 値が .57 というのは，期末試験成績に関する変動の 57% が中間試験によって説明できることを意味しています。図 8.5 を見ると，回帰直線上にある点もあれば，線から離れている点も

---

[7]　Adjusted R-squared は，自由度調整済みの R^2 値と呼ばれ，予測変数が多いほど小さくなる性質があります。単回帰モデルにおける R^2 値の平方根（R）は，予測変数と結果変数の相関係数と一致します。重回帰モデルにおける R は，重相関係数と呼ばれます。

あります（回帰直線から離れている点ほど，予測の誤差が大きいということです）[8]。やはり中間試験だけでは，期末試験の成績を完全に予測することはできないようです。

　そこで，予測の誤差を検討するために，上段で作成した中間試験（mid）の点数が0点から100点まで1点刻みで変動するデータセット（new）を用いて，結果変数（期末試験）の予測区間を求めてみましょう。予測区間は，predict 関数の interval に 'prediction' を指定することで求められます。たとえば，中間試験が60点の場合，ピンポイントでは57点（fit）と予測されますが，予測誤差を考慮すると，39点（lwr）から76点（upr）までの可能性があるようです。そして，以下のコードを実行すると，**図 8.7**のような予測区間が可視化されます。

```
> # 中間試験が60点の場合の期末試験の点数の予測
> pred <- predict(model.1, newdata = new,
+ interval = 'prediction', level = 0.95)
> pred[60, ]
        fit      lwr      upr
60 57.32695 38.73786 75.91604
> # 予測区間の可視化
> plot(dat.3, xlim = c(0, 100), ylim = c(0, 100),
+ xlab = "中間試験", ylab = "期末試験")
> abline(model.1)
> lines(new$mid, pred[, 2], lty = 2)
> lines(new$mid, pred[, 3], lty = 2)
```

　回帰分析では，データの残差の等分散性と正規性が満たされていることが求められます。lm 関数で作成したモデル（model.1）を plot 関数に渡すと，残差の等分散性（Residuals vs Fitted）と正規性（Normal Q-Q）を検討することができます（**図 8.8**）[9]。等分散性については，$y = 0$ を中心に，上下均等にデータが散らばっているかどうかを確認します。正規性については，各データが**Q-Q**プロットの直線上から外れすぎていないかを検討します。その際，どの学

---

†8　回帰分析では，予測値と実データとの誤差を**残差**と呼びます。残差が小さいほど R^2 値は高くなります。残差の分布は，lm 関数の結果の Residuals で確認することができます。

†9　lm 関数の実行結果を plot 関数に渡すと，4種類の回帰診断図が出力されますが，ここでは，最初の2種類の図のみ表示するように指定しています。

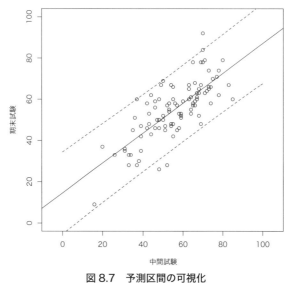

図 8.7　予測区間の可視化

習者の残差に問題がある（実データと予測値との差が大きい）かもわかります。

```
> # 残差の等分散性と正規性のプロット
> par(mfcol = c(1, 2))
> plot(model.1, which = c(1, 2))
```

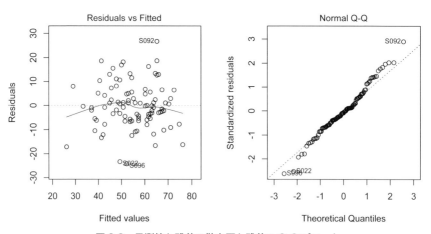

図 8.8　予測値と残差の散布図と残差の Q-Q プロット

8.3 重回帰分析

回帰モデルに2つ以上の予測変数を組み込む場合は，**重回帰分析**を用います。予測変数が複数になるため（$x_1, x_2, ..., x_i$），求める偏回帰係数も複数になります（$b_1, b_2, ..., b_i$）。重回帰式は，式 (8.3) のようになります。

$$y = a + b_1 x_1 + b_2 x_2 + ... + b_i x_i \tag{8.3}$$

本節では，期末試験の成績を予測するにあたって，中間試験だけでなく，小テストの成績も加えます。まず，分析データ全体（dat）から未受験の学習者（NA）を除外しておきましょう。また，重回帰分析を行うにあたって便利な pequod パッケージ[†10] をインストールし，読み込んでおきます。

```
> # 分析データの準備
> dat.4 <- na.omit(dat)
> # パッケージのインストール（初回のみ）
> install.packages("pequod", dependencies = TRUE)
> # パッケージの読み込み
> library("pequod")
```

続いて，データから外れ値を除外します。単回帰分析と同じように，以下のコードを実行し，外れ値と判定された S035 と S069 の学習者を除きます。

```
> # 外れ値の除外
> d.2 <- mahalanobis(dat.4, apply(dat.4, 2, mean), cov(dat.4))
> n.2 <- nrow(dat.4)
> v.2 <- ncol(dat.4)
> out.2 <- n.2 * (n.2 - v.2) / ((n.2 ^ 2 - 1) * v.2) * d.2 >
+ qf(0.9, n.2, v.2)
> dat.4[out.2, ]
      mid end quiz
S035  88   5   45
S069  92  11   69
> dat.5 <- dat.4[-which(out.2 == TRUE), ]
```

それでは，lmres 関数を用いて，重回帰分析を行います。中間試験（mid）と

---

†10　https://CRAN.R-project.org/package=pequod

135

小テスト（quiz）から期末試験の成績（end）を予測するため，end ~ mid + quiz のように変数を指定します。分析結果は，summary 関数で確認することができます[11]。

```
> # 重回帰モデル
> model.2 <- lmres(end ~ mid + quiz, data = dat.5)
> summary(model.2)
Formula:
end ~ mid + quiz
Models
            R     R^2  Adj. R^2      F   df1 df2  p.value
Model  0.802  0.642     0.635 84.466 2.000  94  <2e-16 ***
---
    (省略)
Coefficients
            Estimate  StdErr  t.value     beta p.value
(Intercept) 14.11264 3.43967  4.10291           9e-05 ***
mid          0.47964 0.08122  5.90549   0.4979 <2e-16 ***
quiz         0.54056 0.12169  4.44216   0.3745   2e-05 ***
---
Signif. codes:  0 '***' 0.001 '**' 0.01 '*' 0.05 '.' 0.1 ' ' 1
Collinearity
       VIF Tolerance
mid  1.869     0.535
quiz 1.869     0.535
```

上記の実行結果のうち，Coefficients の Estimate を見ると，mid の偏回帰係数は 0.48，quiz の偏回帰係数は 0.54，切片は 14.11 でした。そして，**図8.9** を見ると，中間試験や小テストの成績が高いほど，期末試験の成績も高くなっているのがわかります[12]。

これらの結果から，期末試験の成績は，式 (8.4) で求めることができます。

$$期末試験 = 14.11 + 0.48 \times 中間試験 + 0.54 \times 小テスト \tag{8.4}$$

---

[11]　単回帰分析で行った，95％信頼区間や予測区間の計算，残差の等分散性や正規性の検討を重回帰分析で行うこともできます。ただし，lmres 関数で作ったモデル（model.2）を他の分析に使用する際は，model.2$Stepfin と書かなければならない場合があることに注意してください。

[12]　重回帰分析の結果を図示することはあまりありません。ちなみに，図8.9 のコードは，本書付属データに含まれているサンプルコードの「# 回帰平面の作成」にあります。

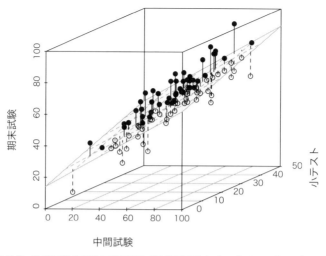

図 8.9　3 次元散布図と回帰平面（●は平面より上，○は下にあるデータ）

　Coefficients の beta は，**標準化偏回帰係数**を示しています。偏回帰係数の値を見ると，小テストの点数が高い学習者は，中間試験の点数が高い学習者よりも期末試験の成績が高くなると解釈したくなります[13]。しかし，中間試験が 100点満点であるのに対して，小テストは 50 点満点であるため，偏回帰係数の単純な比較はできません。予測変数のスケールが異なる場合は，偏回帰係数を平均値0，標準偏差 1 に標準化した beta を見ます。今回は，mid の値が .50 で，quizの値が .37 であるため，中間試験（小テスト）の成績が 1 標準偏差分だけ変化すると，期末試験の成績が 0.50（0.37）標準偏差分だけ変化することがわかります。

　Collinearity は，**多重共線性**の診断結果を示しています。重回帰分析では複数の予測変数をモデルに組み込みますが，予測変数間の相関が非常に高い場合，偏回帰係数が正しく推定されなかったり，決定係数が異常に高くなったりする問題が起こります。一般的に，VIF が 10 以上となった予測変数は，多重共線性を引き起こしていると判断します。また，Tolerance が 0.1 以下の場合も，その予測変数に問題があると考えます。もし多重共線性を引き起こしている 2 組の予測変数がある場合は，どちらかの変数を除外してから回帰分析を行います。

　5 章の二元配置分散分析で交互作用を検討したように，重回帰分析でも交互作

---

[13]　中間試験が 1 点高くなると期末試験は 0.48 点高くなるのに対し，小テストが 1 点高くなると期末試験は 0.54 点高くなるからです。

用を調べることができます。予測変数が 2 つ (x_1, x_2) であれば，交互作用項は 2 変数の積となります。つまり，交互作用項を含む重回帰式は，式 (8.5) のようになります。

$$y = a + b_1 x_1 + b_2 x_2 + b_3(x_1 \times x_2) \tag{8.5}$$

R で交互作用モデルを指定する場合は，end ～ mid + quiz + mid : quiz のように変数を指定します[†14]。そして，交互作用項と予測変数間の多重共線性を避けるために，交互作用を検討する場合は，予測変数の中心化という操作を行います。中心化する変数は，lmres 関数の引数 centered で指定します。

```
> # 交互作用の検討
> model.3 <- lmres(end ~ mid + quiz + mid : quiz,
+ centered = c("mid", "quiz"), data = dat.5)
> summary(model.3)
Formula:
end ~ mid + quiz + mid.XX.quiz
Models
            R    R^2 Adj. R^2      F   df1  df2  p.value
Model  0.813  0.660    0.649 60.289 3.000   93  <2e-16 ***
---
Signif. codes:  0 '***' 0.001 '**' 0.01 '*' 0.05 '.' 0.1 ' ' 1
   (省略)
Coefficients
            Estimate   StdErr  t.value    beta  p.value
(Intercept) 56.26278  0.98115 57.34392          < 2e-16 ***
mid          0.43949  0.08162  5.38476  0.4562  < 2e-16 ***
quiz         0.57447  0.12021  4.77878  0.3980    1e-05 ***
mid.XX.quiz -0.01140  0.00514 -2.21574 -0.1374  0.02915 *
---
Signif. codes:  0 '***' 0.001 '**' 0.01 '*' 0.05 '.' 0.1 ' ' 1
   (省略)
```

上記のコードを実行すると，交互作用の影響（mid.XX.quiz）が $p = .029$ で，5 ％水準で有意であるとわかります。この場合は，**単純傾斜の検定**を simpleSlope 関数で行います[†15]。第 1 引数に交互作用項を含む回帰モデル

[†14]　交互作用モデルは，end ～ mid ＊ quiz と書くこともできます。
[†15]　本書では，予測変数の効果を変える調整変数を「調整変数の平均値 ±1 標準偏差」と定義する方法（Cohen & Cohen, 1983）を紹介します。

（model.3）を指定し，引数 pred に予測変数，引数 mod1 に調整変数をそれぞれ指定します。

```
> # 単純傾斜の検定
> eff.1 <- simpleSlope(model.3, pred = "mid", mod1 = "quiz")
> summary(eff.1)
** Estimated points of end  **
                  Low mid (-1 SD) High mid (+1 SD)
Low quiz (-1 SD)         42.602           58.709
High quiz (+1 SD)        57.070           66.670
** Simple Slopes analysis ( df= 93 ) **
              simple slope standard error t-value p.value
Low quiz (-1 SD)    0.5507        0.0858    6.42  <2e-16 ***
High quiz (+1 SD)   0.3283        0.1049    3.13  0.0023 **
---
Signif. codes:  0 '***' 0.001 '**' 0.01 '*' 0.05 '.' 0.1 ' ' 1
** Bauer & Curran 95% CI **
     lower CI upper CI
quiz   16.311    363.6
> eff.2 <- simpleSlope(model.3, pred = "quiz", mod1 = "mid")
> summary(eff.2)
   （省略）
```

上記の予測変数を mid，調整変数を quiz にした結果（eff.1）を見てみましょう。ここでは，「中間試験の成績が期末試験の成績を変化させる影響が小テストの成績の高低で異なるか」を検証しています。実行結果にある Simple Slopes analysis を見ると，Low quiz(-1 SD) における単純傾斜は 0.55 で，High quiz(+1 SD) における単純傾斜は 0.33 であるとわかります。すなわち，小テストの成績が平均より 1 標準偏差低い場合は，高い場合よりも傾きが大きいことを示しています。

交互作用による単純傾斜の違いは，**図 8.10** のように，PlotSlope 関数で可視化すると，理解しやすくなります。

```
> # 単純傾斜のプロット
> PlotSlope(eff.1)
> PlotSlope(eff.2)
```

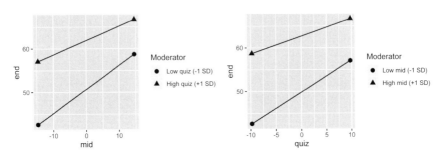

図8.10　単純傾斜のプロット

　図8.10を見ると，小テストが平均より1標準偏差低かった学習者の期末試験の成績は，中間試験の成績によって大きく変動することがわかります。具体的には，式 (8.5) を変換した式 (8.6) を見てみましょう。ここで，「0.44−0.11×小テスト」は回帰式の単純傾斜，「56.26＋0.57×小テスト」は切片になります。

$$
\begin{aligned}
期末試験 =\ & 56.26 + 0.44 \times 中間試験 + 0.57 \times 小テスト \\
& - 0.11(\, 中間試験 \times 小テスト\,) \\
=\ & (56.26 + 0.57 \times 小テスト\,)_{切片} \\
& + (0.44 - 0.01 \times 小テスト\,)_{単純傾斜} \times 中間試験
\end{aligned}
\tag{8.6}
$$

　小テストの成績が平均より1標準偏差 $(SD=9.76)$ 高いと [16]，単純傾斜は $0.44-0.01\times9.76=0.34$，平均より1標準偏差低いと，$0.44-0.01\times(-9.76)=0.54$ になります [17]。つまり，期末試験欠席者の見込み点を計算する場合には，その学生の中間試験や小テストの成績によって，利用する回帰式が異なることになります。

8.4　複数のモデルの比較

　これまで，テストの見込み点を予測するのに，3つの回帰モデル（model.1，model.2，model.3）を作成してきました。モデルが複雑になるにつれて，予測の精度を示す R^2 値も上昇しました。理論的には，結果変数と相関関係にある予測変数を増やせば増やすほど，予測の精度は向上します。しかし，それは手もと

---

†16　この値は，sd(dat.5$quiz) で求められます。
†17　四捨五入の関係で，R による単純傾斜の出力結果とわずかに数値が異なります。

のデータに回帰モデルがフィットしているだけで，将来手に入る未知のデータへの当てはめに対する柔軟性が失われてしまうことがあります。実務的にも，期末試験の成績を予測しようとするたびに，中間試験，小テスト，レポートの評価，GPA，出席率など，回帰式に当てはめるデータをすべて集めなければならないのは大変です。したがって，なるべく少ない数の，本当に必要な予測変数だけで結果を予測できるモデルを選択する必要があります。

　モデルの比較には，検定による方法と，情報量規準（AIC）を参照する方法があります。検定による方法では，データの残差（予測の誤差）の少なさにモデル間で有意差がないかを比較し，もし有意差がなければ，よりシンプルなモデルを選択します。たとえば，anova 関数で 3 モデルを指定すると，model.3（交互作用モデル）の残差平方和（RSS）が最も低いことがわかります。これは，よりシンプルなモデル（model.1, model.2）と比較して，model.3 がデータによりよくフィットしていることを意味します。

```
> # 検定によるモデル選択
> anova(model.1, model.2$Stepfin, model.3$Stepfin)
Analysis of Variance Table
Model 1: end ~ mid
Model 2: end ~ mid + quiz
Model 3: end ~ mid + quiz + mid.XX.quiz
  Res.Df     RSS Df Sum of Sq        F     Pr(>F)
1     95  8240.8
2     94  6811.0  1   1429.79  20.5535  1.724e-05 ***
3     93  6469.5  1    341.52   4.9095    0.02915 *
---
Signif. codes:  0 '***' 0.001 '**' 0.01 '*' 0.05 '.' 0.1 ' ' 1
```

　また，情報量規準を参照する場合は，情報量規準（AIC）が低いほど，そのモデルが理想的なモデルに近いと考えます。そして，AIC 関数で 3 つのモデルを比較すると，モデルの複雑さとデータへの適合度を考慮した上で，交互作用モデルが最もよいモデルであるとわかります。ただし，比較したモデル間で AIC の差が 2 未満の場合には，2 つのモデルに実質的な差はないと考えます。差が 4 から 7 の間であれば AIC が大きいモデルを積極的に選択する理由は弱まり，差が 10 以上あるにもかかわらず AIC の大きいモデルを選択するのは望ましくありません (Burnham & Anderson, 2004)。

```
> # 情報量基準によるモデル選択
> AIC(model.1, model.2$Stepfin, model.3$Stepfin)
                df      AIC
model1           3  712.1617
model2$Stepfin   4  695.6777
model3$Stepfin   5  692.6876
```

COLUMN マルチレベル分析
——異なる学校の成績を比較したい——

　マルチレベル分析とは，階層的なデータを適切に分析するための手法です[18]。階層的なデータの例としては，**図 8.11** のように，異なる学校からサンプリングした学習者のデータがあります。このようなデータは，「個人レベル」と「学校レベル」という 2 つのレベルで分析することが可能です。

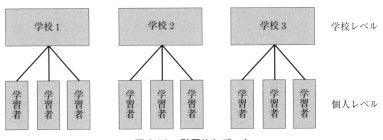

図 8.11　階層的なデータ

　ここでは，3 つの学校から 40 名ずつサンプリングされた学習者（合計 120 名）の TOEIC の点数と一週間の勉強時間のデータを分析します。まずは，このデータ（本書付属データに含まれている data_ch8-2.csv）を R に読み込みます。そして，データ全体を対象とする回帰分析を行います。

```
> # 分析データの読み込み
> # data_ch8-2.csv を選択
> dat <- read.csv(file.choose(), row.names = 1,
+ header = TRUE)
> # 読み込んだデータの冒頭を確認
> head(dat)
   (省略)
```

---

[18]　マルチレベルは，階層線形モデル，線形混合モデル，混合効果モデル，ランダム効果モデル，成長曲線モデルなどと呼ばれることもあります。

```
> # 散布図の作成と回帰直線の描画
> plot(dat$Hour, dat$TOEIC)
> linear.model <- lm(TOEIC ~ Hour, data = dat)
> abline(linear.model)
```

　図 **8.12** は，TOEIC の点数（TOEIC）と一週間の勉強時間（Hour）から求めた回帰直線です。
　次に，学校レベルの情報を考慮した分析を行います。図 **8.13** は，個々の学習者の学校（School）を示した図です。この図を見ると，3 つの学校（○，△，＋）の学習者はそれぞれ近くに分布していて，学校ごとの特徴があるようです。

```
> # 個々の学習者の情報を表示した散布図
> plot(dat$Hour, dat$TOEIC, pch = dat$School)
```

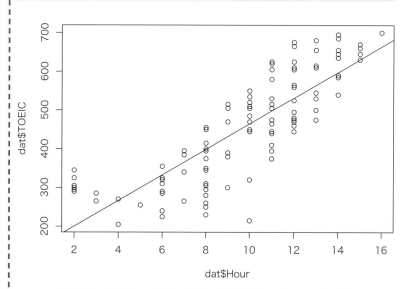

図 8.12　TOEIC の点数と一週間の勉強時間から求めた回帰直線

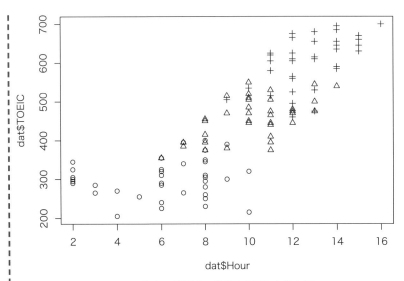

図 8.13　個々の学習者の情報を表示した散布図

　そこで，試しに 3 つの学校ごとに回帰分析を行ってみます。**図 8.14** は，それぞれの学校の学習者から求めた回帰直線を重ねて描いた散布図です。この図を見ると，3 本の回帰直線の切片と傾きがそれぞれ異なっていて，TOEICの点数と一週間の勉強時間が学校ごとに異なることがわかります。

```
> # 学校ごとに回帰分析
> linear.model.2 <- lm(TOEIC[1 : 40] ~ Hour[1 : 40],
+ data = dat)
> linear.model.3 <- lm(TOEIC[41 : 80] ~ Hour[41 : 80],
+ data = dat)
> linear.model.4 <- lm(TOEIC[81 : 120] ~ Hour[81 : 120],
+ data = dat)
> # 回帰直線の表示
> abline(linear.model.2, lty = 1)
> abline(linear.model.3, lty = 2)
> abline(linear.model.4, lty = 3)
```

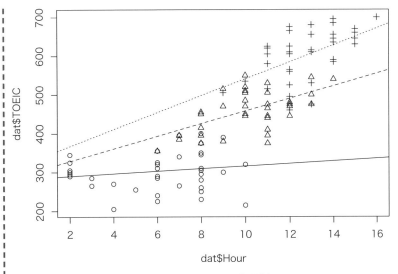

図 8.14　学校ごとの回帰分析

　なお，個々のデータ（学習者）のばらつきには，個人間のばらつきと学校間のばらつきが含まれています。そして，同じグループ（学校）に含まれているデータがどれだけ似ているかを示す**級内相関**を計算することで，グループ間のばらつきが個人間のばらつきと比べてどれほど大きいかを知ることができます。R で級内相関を求める方法は複数ありますが，ここでは，ICC パッケージ[19] の ICCest 関数を用います。級内相関が 0.5 以上の場合は，個人間のばらつきよりもグループ間のばらつきが大きいため，通常の回帰分析ではなく，マルチレベル分析を行うべきであるとされています（尾崎・川端・山田，2018）。

```
> # パッケージのインストール（初回のみ）
> install.packages("ICC", dependencies = TRUE)
> # パッケージの読み込み
> library("ICC")
> # 級内相関
> ICCest(TOEIC, Hour, data = dat)
$ICC
[1] 0.6985667
　（省略）
```

---

[19]　https://cran.r-project.org/package=ICC

　上記のコードの実行結果を見ると，級内相関が0.5以上（`0.6985667`）であるため，マルチレベル分析を行います。Rでマルチレベル分析を行う方法も複数ありますが，ここでは，lme4パッケージ[20]のlmer関数を用います。その際は，lmer(結果変数 ~ 予測変数 + (予測変数 | グループ))のように書きます。

```
> # パッケージのインストール（初回のみ）
> install.packages("lme4", dependencies = TRUE)
> # パッケージの読み込み
> library("lme4")
> # マルチレベル分析
> multilevel.model <-
+ lmer(TOEIC ~ Hour + (Hour | School), data = dat)
> # マルチレベル分析の結果を確認
> summary(multilevel.model)
　（省略）
```

　紙面の都合でマルチレベル分析の結果を詳しく検討することはできませんが，通常の回帰分析の結果と比較してみましょう[21]。**図8.15**における実線がマルチレベル分析で，破線が通常の回帰分析の結果です。学校間の違いが反映されたマルチレベル分析の結果の係数が小さく（`14.08941`），通常の回帰分析の結果よりも直線の傾きが緩やかになっています。

```
> # マルチレベル分析から得られた係数
> fixef(multilevel.model)
(Intercept)        Hour
  297.42929     14.08941
> # 通常の回帰分析から得られた係数
> linear.model$coefficients
(Intercept)        Hour
  134.29792     33.07134
> # 散布図上で比較
> plot(dat$Hour, dat$TOEIC, pch = dat$School)
> abline(fixef(multilevel.model), lty = 1)
> abline(linear.model$coefficients, lty = 2)
```

---

[20]　https://cran.r-project.org/package=lme4
[21]　Rによるマルチレベル分析の詳細については，尾崎・川端・山田（2018）などを参照。

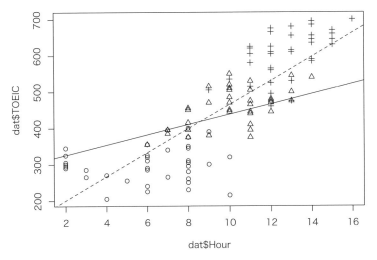

図 8.15　マルチレベル分析の結果と通常の回帰分析の結果の比較

　最後に，一週間の勉強時間の影響を除いた上で学校間の TOEIC の点数に差があるのかを調べます。その際は，lmer(結果変数 ～ 予測変数 + (1 | グループ)) のように書きます。

```
> # 勉強時間の影響を除いた学校間の点数比較
> multilevel.model.2 <-
+ lmer(TOEIC ~ Hour + (1 | School), data = dat)
> summary(multilevel.model.2)
   (省略)
Random effects:
 Groups    Name          Variance Std.Dev.
 School    (Intercept)   12526    111.92
 Residual                2763      52.57
Number of obs: 120, groups:  School, 3
   (省略)
```

　実 行 結 果 の う ち，Random effects の 項 に あ る School の Std.Dev. (標準偏差) を確認すると，個人の勉強時間の影響を除いても，学校間で 111.92 点程度の点数差があることがわかります。

　これ以外にも，マルチレベル分析にはさまざまなものがあります。マルチレベル分析の理論については，清水（2014）がわかりやすいです。また，R での実行については，尾崎・川端・山田（2018, 2019）が参考になるでしょう。

9 章

因子分析
──授業評価アンケートを作成・分析したい──

　本章では，アンケートデータの処理方法としての因子分析を学びます。具体的には，学習に対する動機づけや適性など，１つのアンケート項目だけでは測定できない多面的な対象をどのように評価するかについて扱います。

9.1　因子分析の考え方

　突然ですが，「あなたはラーメンがどれくらい好きですか」という質問に５段階で答える場面を考えてみてください。たとえば，小林君と水本君が２人とも「4」と答えたとき，２人のラーメンの好き具合は同じだと言えるでしょうか。

　まず，２人がどんなラーメンを思い浮かべたかで回答が変わる可能性があります。もし「豚骨ラーメン」と聞いていたら，水本君は「5」と回答したかもしれません。５段階の感じ方にも，２人の間に違いがあるはずです。小林君は一週間に１度食べるくらいにラーメンを「好き」と捉えているのに対し，水本君は毎日食べなければラーメン好きとは言えないと考えているかもしれません。どうやら，ラーメンの好き具合をたった１つの質問で直接測定するには問題がありそうです。**因子分析**はこのような「個人差」を測定する場合，いくつの，そして，どのような内容の質問項目をアンケートに入れる必要があるかを検討するのに用いられます。

　因子分析では，直接測定することのできない対象を**因子**，あるいは**潜在変数**と呼びます。この潜在変数を明らかにするために「豚骨ラーメン」，「塩ラーメン」，「醤油ラーメン」，「魚介つけ麺」のように，より具体的かつ複数の質問を用意します。このように直接測定できる対象を**観測変数**と呼びます。そして，因子分析は，複数の観測変数間の相関関係から，背後にある潜在変数の特徴を推定しよう

とする統計手法です。

アンケートの作成・分析では，**探索的因子分析**でアンケートの因子構造を探り，**確認的因子分析**で回答データが仮定したモデルにどれくらいよく当てはまるのかを確認します。

探索的因子分析では，

① 複数の観測変数から抽出する因子数を決め，
② 因子パターンを推定します。

続く確認的因子分析では，

③ データの適合度を検討し，
④ 複数のモデルを比較します。

最後に，

⑤ **因子得点**，もしくは**尺度得点**を計算してアンケート回答者に関する評価を行います。

9.2 因子分析の準備

本章では，**表 9.1** のような授業評価アンケートを例に，因子分析の手順を追っていきます。「教員の指導技術」と「授業の満足度」の 2 因子の関係について調べることにしましょう。「教員〜」で始まる設問は，教員の指導技術と関連するように作成されています。同じく「授業〜」で始まる設問は，授業の満足度に影響を与えると考えられる内容です。**表 9.2** は 200 名の学習者が授業評価アンケートに回答したデータの一部です。

最初に，回答データ（本書付属データに含まれている data_ch9-1.csv）を R に読み込みます。このデータに無回答は含まれていませんが，欠損値（NA）がある場合は，当該学習者をデータから除外します[†1]。

探索的因子分析には，psych パッケージを用います。このパッケージを読み込み，describe 関数で記述統計を確認しましょう。因子分析はデータの正規性

---

†1　学習者をデータから除外したくない場合は，欠損の特徴に応じて，対応を決めます。詳しくは，豊田（2014）の 15 章を参照。

表 9.1　授業評価アンケートの質問項目

設問 1：教員の話し方（話すスピードなど）は聞き取りやすかったですか。
設問 2：教員の説明はわかりやすかったですか。
設問 3：教員の授業に対する意欲や熱意は感じられましたか。
設問 4：授業の進み具合はあなたにとって適切でしたか。
設問 5：板書（スクリーンの文字・画像など）・配布物は読みやすかったですか。
設問 6：教員の学生への対応（質問など）は適切でしたか。
設問 7：授業にふさわしい雰囲気が確保（私語への対応など）されていましたか。
設問 8：授業の内容を自分なりに理解できましたか。
設問 9：この授業で興味や関心が深まりましたか。

表 9.2　授業評価アンケートのデータ

student	item1	item2	item3	item4	item5	item6	item7	item8	item9
S001	3	3	3	3	3	3	3	3	3
S002	2	1	4	4	3	4	4	4	2
S003	5	5	4	5	3	3	3	5	4
S004	5	5	5	5	2	5	5	5	5
…	…	…	…	…	…	…	…	…	…

を前提とします[2]。ここで、歪度（skew）と尖度（kurtosis）（2.8 節）が 0 に近いかどうかを見ておきましょう。

```
> # CSVファイルの読み込み
> # data_ch9-1.csvを選択
> dat <- read.csv(file.choose(), header = TRUE)
> # psychパッケージの読み込み
> library("psych")
> # 記述統計の確認（1列目のstudentの列は分析に含めない）
> describe(dat[, -1])
      vars   n mean   sd median trimmed  mad min max range  skew kurtosis   se
item1    1 200 4.09 1.09      4    4.30 1.48   1   5     4 -1.33     1.23 0.08
item2    2 200 3.87 1.12      4    4.03 1.48   1   5     4 -0.95     0.28 0.08
item3    3 200 3.68 1.15      4    3.79 1.48   1   5     4 -0.59    -0.55 0.08
item4    4 200 4.07 1.20      4    4.28 1.48   1   5     4 -1.20     0.33 0.08
item5    5 200 3.22 0.89      3    3.25 1.48   1   5     4 -0.27    -0.06 0.06
item6    6 200 3.79 1.07      4    3.92 1.48   1   5     4 -0.89     0.43 0.08
item7    7 200 3.83 1.02      4    3.93 1.48   1   5     4 -0.60    -0.40 0.07
```

[2]　アンケートデータが正規性を満たすことは、実際にはほとんどありません。本章では、正規性を満たさなくても妥当な結果が得られると考えられている方法を紹介します。

```
item8   8 200 4.11 0.88   4   4.23 1.48  1  5   4 -1.13   1.41   0.06
item9   9 200 3.39 1.00   3   3.43 1.48  1  5   4 -0.47  -0.02   0.07
```

　因子分析を行う際は，データの正規性以外にも，いくつかの前提を確認しておく必要があります。アンケート設計の適切さ，サンプルサイズ，観測変数間の相関について，それぞれ見ていきましょう。

9.2.1　アンケート設計の適切さ

　授業評価アンケートのようなデータに対して因子分析を行う場合，適切な質問項目を用意することが最も重要です。因子分析は，あくまで相関係数の高い観測変数同士をまとめる手法です。いい加減に作成した質問項目から抽出した因子は，ただの疑似相関から生まれたものである可能性もあります。これを避けるために，豊田（2012b）では，

① 　アンケートの作成前に抽出したい特性を明確にすること
② 　その特性の高低で回答が異なるような質問項目を用意すること
③ 　最初に想定した因子数でデータを分析して理論的予測と結果を比較すること

の3点を推奨しています。
　多様な側面を持つ潜在的な特性を測定するために，質問項目はある程度多く用意します（平井，2017）。また，アンケートを作成する場合は，回答データを間隔尺度と見なすことのできる5件法以上を用いましょう[†3]。

9.2.2　サンプルサイズ

　因子分析に必要なサンプルサイズに関する絶対的な基準はありませんが，比較的多くの人数を必要とします。サンプリングの適切さを判断する指標としては，**Kaiser-Meyer-Olkin（KMO）によるサンプリングの適切性指標（Measure of Sampling Adequacy：MSA）**があります。KMO関数を使って，今回のデータから信頼できる因子が抽出できるかを調べてみましょう。

[†3] 　因子分析では，間隔尺度や比率尺度のような連続データを扱います。順序尺度や名義尺度を扱いたい場合は，豊田（2014）の7章を参照。

```
> # KMOによるサンプリングの適切性指標を確認
> KMO(dat[, -1])
Kaiser-Meyer-Olkin factor adequacy
Call: KMO(r = dat[, -1])
Overall MSA =  0.76
MSA for each item =
 item1 item2 item3 item4 item5 item6 item7 item8 item9
  0.79  0.76  0.61  0.86  0.83  0.86  0.70  0.76  0.74
```

　KMO 関数の実行結果を見ると，Overall MSA の値が 0.76 です。MSA は 0 か
ら 1 の範囲をとり，0.7 以上を「ある程度適切」，0.8 以上を「適切」，0.9 以上を
「極めて適切」と判断します。逆に，0.5 より低い場合は，「因子を抽出すべきで
はない」と考えます（Kaiser, 1974）。また，MSA for each item の値が先ほど
の基準で小さい項目は，分析から除外することを検討します。今回の結果は，全
体として因子の抽出におけるサンプリングの適切性が満たされているものの，項
目 3（item3）については要検討ということになります。

9.2.3　観測変数間の相関

　因子分析の目的は，観測変数間にある共通因子を抽出することです。観測変数
間の相関が弱く，共通因子が十分に抽出されない場合は，因子分析を行う意味が
ありません。そこで，**Bartlett の球面性検定**を行って，「観測変数が無相関であ
る」という帰無仮説を棄却できるか確認してみましょう。cortest.bartlett
関数には，観測変数間の相関行列（student の列以外）を分析するデータとし
て指定します。また，引数 n には，回答者数を指定します。

```
> # Bartlettの球面性検定
> cortest.bartlett(cor(dat[, -1]), n = nrow(dat))
$chisq
[1] 476.6777
$p.value
[1] 2.420914e-78
$df
[1] 36
```

　上記のコードを実行すると，p.value が 0.1％の有意水準を下回っており，

「観測変数は無相関とは言えない」ことがわかります。ここで，pairs.panels
関数を用いて，実際の相関係数も確認してみましょう。相関係数が0.3以上を
示す組合せがないデータは，因子分析には適しません（Tabachnick & Fidell,
2014）。逆に，0.9以上の非常に高い相関を示す組合せがある場合は，多重共線
性（8.3節）を疑います。この場合，2つの変数が同一の内容を測定していると
見なし，そのいずれかを分析から除外することを検討します。

```
> # 観測変数間の相関係数の確認
> pairs.panels(dat[, -1], lm = TRUE, density = FALSE)
```

図 **9.1** を見ると，相関係数が0.3以上の組合せが複数ありますが，強すぎる相
関はありません。したがって，このまま因子分析を行ってもよさそうです。

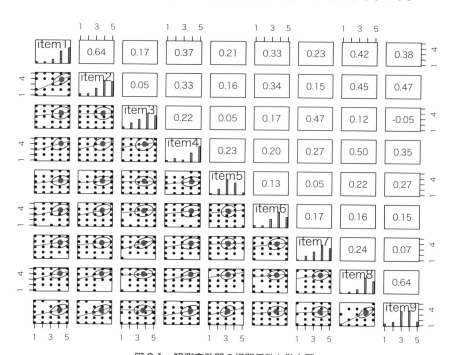

図 9.1　観測変数間の相関係数と散布図

9.3 探索的因子分析

9.3.1 抽出する因子数の決定

　いくら「探索的」因子分析であっても，いくつの因子を抽出するかについ
ては，アンケートの設計に基づいてあらかじめ決めておきます。想定した因
子数で問題がないか，まずは，**固有値**が 1 以上の因子までを抽出する **Kaiser-
Guttman 基準**を確認してみましょう[†4]。固有値は，相関行列（student の列以
外）を eigen 関数に渡すことで求められます。そして，その結果を見ると，左
から 3 つめまでの因子（第 1 因子〜第 3 因子）が固有値 1 以上となっています。

```
> # 因子数の決定 (1)
> # 固有値の計算
> r.eigen <- eigen(cor(dat[, -1]))
> print(r.eigen$values, digit = 2)
[1] 3.25 1.45 1.00 0.89 0.65 0.60 0.51 0.34 0.30
```

　続いて，固有値の変化を表す**スクリープロット**も作成します。スクリープロッ
トでは，固有値の落差がゆるやかになる手前までを因子として抽出します。**図
9.2** では，第 3 因子までで固有値の下降が止まり，それ以降はゆるやかな変化に
なっています。したがって，今回の授業評価アンケートは，設計どおりの 2 因
子ではなく，3 因子で構成されている可能性があります。

```
> # スクリープロットの作成
> plot(r.eigen$values, xlim = c(1, 9), xaxp = c(1, 9, 8),
+ type = "b", xlab = "因子の番号", ylab = "固有値")
> abline(h = 1)
```

　ただ，第 3 因子の固有値がちょうど 1 なので，第 2 因子までを抽出するか，
第 3 因子までを抽出するかで迷うかもしれません。そのような場合，**MAP 基準**
も参照してみましょう。MAP は，できるだけ少ない因子数で観測変数間の相関
を説明しようとする指標で，VSS 関数を用いて計算します。その際，引数 n で回

[†4]　固有値の意味や求め方については，南風原（2002a）の 10 章を参照。

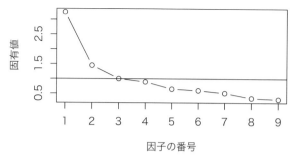

図 9.2　固有値に基づくスクリープロット

答者数を指定します[†5]。

```
> # 因子数の決定（2）
> # MAP基準の確認
> VSS(dat[, -1], n = nrow(dat), fm = "ml")
Very Simple Structure
Call: vss(x = x, n = n, rotate = rotate, diagonal = diagonal,
fm = fm, n.obs = n.obs, plot = plot, title = title, use = use,
cor = cor)
VSS complexity 1 achieves a maximimum of 0.69 with 2 factors
VSS complexity 2 achieves a maximimum of 0.81 with 4 factors

The Velicer MAP achieves a minimum of NA with 1 factors
BIC achieves a minimum of NA with 3 factors
Sample Size adjusted BIC achieves a minimum of NA with 3
factors
    （省略）
```

　上記の実行結果を見ると，MAP 基準が提案する因子数は 1 です。MAP は最小の因子数を提案するため，今回の授業評価アンケートでは，少なくとも 1 因子が観測変数の背後にあるということになります。

　最後に，**平行分析**を紹介します。この分析では，実際の固有値よりも乱数シミュレーションで計算された固有値のほうが大きくなる手前までの因子を抽出します。R では，fa.parallel 関数に相関行列（student の列以外）を指定します。また，引数 n.iter にシミュレーションの回数を指定します。シミュレー

[†5]　なお，本章の因子分析はすべて最尤法で行うため，引数 fm で "ml" を指定します（9.3.2 項参照）。

ション回数の目安はありませんが，あまりに大きい数値を指定すると，分析に長い時間がかかります。

```
> # 因子数の決定 (3)
> # 平行分析
> fa.parallel(cor(dat[, -1]), fm = "ml", n.obs = nrow(dat),
+ n.iter = 100)
Parallel analysis suggests that the number of factors = 3 and
the number of components = 2
```

　図 **9.3** を見ると，FA Actual Data のラインは，FA Simulated Data のラインと第 4 因子の手前で交差しています。上記の平行分析の結果にも Parallel analysis suggests that the number of factors = 3 とあるように，授業評価アンケートは 3 因子と言えそうです。もともとは 2 因子になるようなアンケートを作成しましたが，ひとまず 3 因子と仮定して，分析を進めます。

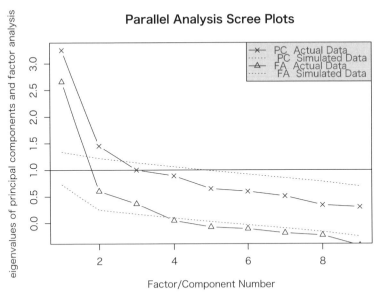

図 9.3　平行分析に基づくスクリープロット

9.3.2 因子パターンの推定

　抽出する因子数を決めたら，fa 関数を用いて，因子パターンを推定します。因子パターンは，ある因子からの特定の観測変数に対する影響の強さ（**因子負荷量**）を行列にしたものです。fa 関数で分析データを指定する際は，引数 nfactors で抽出する因子数を指定します。ここでは，因子の推定方法として，最尤法[6] を選びます（fm = "ml"）。探索的因子分析では，抽出した因子をより解釈しやすくするために因子の回転を行います[7]。ここでは，引数 rotate でオブリミン回転（oblimin）を選びます。そして，分析結果は，print 関数で表示します。その際，引数 sort で TRUE を指定すると，因子負荷量の大きい順に設問が並び替えられます。

```
> # 最尤法・オブリミン回転による因子分析
> r.fa <- fa(dat[, -1], nfactors = 3, fm = "ml",
+ rotate = "oblimin")
> print(r.fa, sort = TRUE, digits = 2)
Factor Analysis using method = ml
Call: fa(r = dat[, -1], nfactors = 3, rotate = "oblimin", fm =
"ml", use = "complete.obs")
Standardized loadings (pattern matrix) based upon correlation
matrix
      item   ML1   ML3   ML2   h2   u2   com
item8    8  0.89 -0.04  0.08 0.77 0.23  1.0
item9    9  0.70  0.13 -0.18 0.60 0.40  1.2
item4    4  0.43  0.11  0.25 0.36 0.64  1.8
item5    5  0.24  0.09  0.01 0.09 0.91  1.3
item2    2  0.03  0.84 -0.08 0.71 0.29  1.0
item1    1  0.01  0.75  0.11 0.61 0.39  1.0
item6    6 -0.11  0.46  0.16 0.21 0.79  1.4
item3    3 -0.03  0.01  0.73 0.53 0.47  1.0
item7    7  0.10  0.05  0.62 0.43 0.57  1.1

                 ML1   ML3   ML2
SS loadings     1.63  1.59  1.09
```

[6]　最尤法は，データの正規性を前提としますが，正規性が満たされなくても，サンプルサイズが十分に大きい場合は結果を正しく推定できることが知られています（豊田, 2012b）。正規性が満たされない場合は，最尤法の代わりに重み付き最小二乗法（weighted least squares：fm = "wls"）を使うこともできます。

[7]　因子の回転の仕組みについては，豊田（2012b）の6章や平井（2017）の9章を参照。

```
Proportion Var          0.18   0.18   0.12
Cumulative Var          0.18   0.36   0.48
Proportion Explained    0.38   0.37   0.25
Cumulative Proportion   0.38   0.75   1.00
    （省略）
```

　上記の実行結果のうち，Standardized loadings は，各観測変数の因子負荷量です。因子負荷量の絶対値が 0.4 を超えた場合は，その観測変数が該当する因子に関連していると判断します。たとえば，設問 8 は，ML1（第 1 因子）と関連している一方で，ML2（第 2 因子）や ML3（第 3 因子）との関連が弱いようです。そして，設問 5 は，どの因子にもかかわっていないようです。このような場合，設問 5 のデータは，以降の分析に使用しないのが一般的です。

　また，SS loadings は，**因子寄与**を示しています。これを割合にしたのが Proportion Var（**因子寄与率**）で，各因子が全観測変数に対してどの程度関連しているのかを表しています。Cumulative Var（**累積因子寄与率**）は，抽出した因子で観測変数の分散をどれくらい説明できるかを表しています。ML1，ML2，ML3 の累積因子寄与率を確認すると，今回の分析では，観測変数の分散の 48% を説明できたと解釈できます [8]。累積因子寄与率に関する絶対的な基準はありませんが，累積因子寄与率があまりに低いときは，不要な設問を削除して探索的因子分析を行う，あるいは，抽出する因子数を変えてみる，などの対処が必要となります。

　因子パターンの結果は，**表 9.3** のようにまとめることができます。設問 8・設問 9・設問 4 は，「授業の満足度」を反映しています。設問 2・設問 1・設問 6 は，「教員の指導技術」と解釈できそうです。因子 2 を構成する設問 3 と設問 7 は，因子 1 か因子 3 に属するはずでしたが，実際には単独の因子として抽出されています。この因子パターンが実際のデータを適切に反映しているのかを調べるためには，確認的因子分析を行います。

---

[8]　今回は 9 つの設問に対する回答データを 3 つの因子に縮約したため，その過程で失われたデータの情報もあります。今回の因子分析が元のデータをどれだけ反映できているのかを検討するために，因子寄与率を確認します。

表 9.3　授業評価アンケートの因子パターン

質問項目	因子 1	因子 2	因子 3
第 1 因子（ML1：授業の満足度）			
設問 8：授業の内容を自分なりに理解できましたか。	**0.89**	0.08	−0.04
設問 9：この授業で興味や関心が深まりましたか。	**0.70**	−0.18	0.13
設問 4：授業の進み具合はあなたにとって適切でしたか。	**0.43**	0.25	0.11
第 2 因子（ML2：本当は第 1 因子や第 3 因子と関連するはずだった設問）			
設問 3：教員の授業に対する意欲や熱意は感じられましたか。	−0.03	**0.73**	0.01
設問 7：授業にふさわしい雰囲気が確保（私語への対応など）されていましたか。	0.10	**0.62**	0.05
第 3 因子（ML3：教員の指導技術・教務努力）			
設問 2：教員の説明はわかりやすかったですか。	0.03	−0.08	**0.84**
設問 1：教員の話し方（話すスピードなど）は聞き取りやすかったですか。	0.01	0.11	**0.75**
設問 6：教員の学生への対応（質問など）は適切でしたか。	−0.11	0.16	**0.46**

9.4　確認的因子分析

9.4.1　データの適合度の検討

　探索的因子分析の目的は，複数の観測変数が想定している因子に影響するかどうかを検討することでした。これに対して，確認的因子分析の目的は，アンケートの構造や分析者の仮説を表現したモデルに，データがどれくらいよく当てはまるかを検討することになります。

　確認的因子分析には，lavaan パッケージ[†9] を使います。はじめに，アンケートの構造をモデルとして記述します。item8, item9, item4 の背後に因子があると考えるときは，任意の因子名に =~ item8 + item9 + item4 のように指定します。同様に，第 2 因子，第 3 因子もモデルに組み込みましょう。モデルを記述したら，cfa 関数を用います。因子の推定方法については，引数 estimator で最尤法（ML）を指定します。

　分析結果は，summary 関数で確認します。その際，引数 fit.measures で TRUE を指定すると，**適合度指標**が表示されます。そして，引数 standardized で TRUE を指定し，因子負荷量も確認するようにします。分析結果のうち，

---

†9　https://cran.r-project.org/package=lavaan

Latent Variables までの結果は適合度指標を，それ以降は因子パターンの推定結果を示しています。

```
> # パッケージのインストール（初回のみ）
> install.packages("lavaan", dependencies = TRUE)
> # lavaanパッケージの読み込み
> library("lavaan")
> # 3因子構造のモデルを記述（''を忘れやすいので注意）
> model.1 <- '
+   LV.1 =~ item8 + item9 + item4
+   LV.2 =~ item3 + item7
+   LV.3 =~ item2 + item1 + item6 '
> # 確認的因子分析
> fit.1 <- cfa(model.1, data = dat, estimator = "ML")
> summary(fit.1, fit.measures = TRUE, standardized = TRUE)
lavaan 0.6-6 ended normally after 38 iterations

  Estimator                                         ML
  Optimization method                           NLMINB
  Number of free parameters                         19

  Number of observations                           200

Model Test User Model:

  Test statistic                                38.362
  Degrees of freedom                                17
  P-value (Chi-square)                           0.002

Model Test Baseline Model:

  Test statistic                               465.296
  Degrees of freedom                                28
  P-value                                        0.000

User Model versus Baseline Model:

  Comparative Fit Index (CFI)                    0.951
  Tucker-Lewis Index (TLI)                       0.920

Loglikelihood and Information Criteria:

  Loglikelihood user model (H0)              -2148.404
  Loglikelihood unrestricted model (H1)      -2129.223
```

```
   Akaike (AIC)                                 4334.809
   Bayesian (BIC)                               4397.477
   Sample-size adjusted Bayesian (BIC)          4337.283

Root Mean Square Error of Approximation:

   RMSEA                                        0.079
   90 Percent confidence interval - lower       0.046
   90 Percent confidence interval - upper       0.113
   P-value RMSEA <= 0.05                         0.072

Standardized Root Mean Square Residual:

   SRMR                                         0.061

Parameter Estimates:

   Standard errors                              Standard
   Information                                  Expected
   Information saturated (h1) model             Structured

Latent Variables:
          Estimate  Std.Err  z-value  P(>|z|)   Std.lv   Std.all
   LV.1 =~
     item8  1.000                              0.765    0.868
     item9  0.950    0.103    9.244    0.000    0.727    0.728
     item4  0.881    0.119    7.430    0.000    0.674    0.565
   LV.2 =~
     item3  1.000                              0.564    0.491
     item7  1.719    0.819    2.099    0.036    0.969    0.955
   LV.3 =~
     item2  1.000                              0.913    0.819
     item1  0.937    0.105    8.938    0.000    0.855    0.789
     item6  0.477    0.091    5.234    0.000    0.436    0.408
   (省略)
```

　まず，因子パターンの推定結果を見てみましょう。因子負荷量は，Std.all の列に表示されています。今回の結果では，どの因子負荷量も 0.4 を超えているため，アンケートの因子パターンはよさそうです。

　適合度指標については，さまざまな指標を計算できる fitMeasures 関数の結

果も合わせて確認します。

```
> # 適合度指標の検討
> fitMeasures(fit.1)
              npar                fmin               chisq
            19.000               0.096              38.362
                df              pvalue       baseline.chisq
            17.000               0.002             465.296
        baseline.df      baseline.pvalue                 cfi
            28.000               0.000               0.951
               tli                nnfi                 rfi
             0.920               0.920               0.864
               nfi                pnfi                 ifi
             0.918               0.557               0.952
               rni                logl    unrestricted.logl
             0.951           -2148.404           -2129.223
               aic                 bic              ntotal
          4334.809            4397.477             200.000
              bic2               rmsea      rmsea.ci.lower
          4337.283               0.079               0.046
    rmsea.ci.upper         rmsea.pvalue                 rmr
             0.113               0.072               0.073
        rmr_nomean                srmr        srmr_bentler
             0.073               0.061               0.061
 srmr_bentler_nomean               crmr         crmr_nomean
             0.061               0.069               0.069
        srmr_mplus   srmr_mplus_nomean               cn_05
             0.061               0.061             144.825
             cn_01                 gfi                agfi
           175.175               0.950               0.894
              pgfi                 mfi                ecvi
             0.449               0.948               0.382
```

　適合度指標からデータの当てはまり具合を判断する方法は，数多く提案されています。ここでは，**表9.4**を参照しながら，分析結果を検討します。

　前掲の確認的因子分析の結果（pp. 160-161）のうち，Model Test User Modelは，「モデルがデータに適合している」という帰無仮説をχ^2検定で調べた結果を示しています。そして，P-value (Chi-square) が有意水準を下回っていなければ，モデルがデータに適合していると判断します。ただし，サンプルサイズが大きいほど有意になりやすいため，他の指標も参照して適合度を評価す

表9.4 適合度指標

指標	判断基準	注意事項
χ^2	有意でない	χ^2 検定によるモデル適合の判定は，あまり行われない
GFI	0.95 以上	χ^2 検定と同様，サンプルサイズによる影響を受けやすい
AGFI	0.95 以上	GFI よりも極端に低くなる場合は，モデルを修正する
RMR	なし	0 に近いほどよいモデルだが，明確な判断基準はない
SRMR	0.05 以下	RMR の代わりに良適合の判断基準として使われる
CFI	0.95 以上	極端に適合が悪い場合は，独立モデルの適合度を確認
TLI	なし	1 に近いほどよいモデルだが，明確な判断基準はない
RMSEA	0.05 以下	適合度が悪い場合は，モデルをシンプルにする
AIC	小さいほどよい	相対的指標であり，複数のモデルの比較にのみ使う
BIC	小さいほどよい	相対的指標であり，複数のモデルの比較にのみ使う

豊田（2014），星野・岡田・前田（2005）に基づき作成

る必要があります。

　実際のデータとモデルの予測値とのずれの小ささに着目して，データの当ては
まりのよさを評価する適合度指標もあります。まず，GFI と AGFI は，0.95 以上
で良適合と判断します。今回の分析結果では，GFI（0.950）はこの基準を満た
すものの，AGFI（0.894）は基準を下回っています。次に，RMR を標準化した
SRMR は 0.061 で，表9.4 の基準を満たしていません。なお，GFI と SRMR は，
分析モデルの複雑さを考慮しておらず，GFI と AGFI は χ^2 検定と同じくサンプ
ルサイズの影響を受けます。このような理由から，これらの指標だけで適合の良
し悪しを判断することはしません。

　CFI と TLI を見てみましょう。これらの指標は，想定し得る中で最も適合の
悪いモデル（独立モデル）と比較して，今回のモデルが相対的にどれくらいよい
のかを評価します。今回の分析結果では，CFI が 0.951 で，TLI が 0.920 であ
るため，独立モデルと比較すると，今回のモデルはデータによく適合していると
言えます。

　RMSEA は，サンプルサイズやモデルの複雑さ（倹約度）を考慮した上で，比
較的信頼度の高い形で適合度を評価します。今回の分析結果では，RMSEA の値
が 0.079 で，90 ％信頼区間（rmsea.ci.lower, rmsea.ci.upper）が
0.046 から 0.113 の範囲です。RMSEA の値が 0.05 以下になる確率（rmsea.
pvalue）は 7.2 ％であり，今回のデータがモデルに適合していない可能性を示し
ています。また，AIC と BIC もモデルの倹約度を示しています。ただし，これ

9

らの指標は複数のモデルを相対的に比較する用途でしか使えないため，今回の結果だけを見てモデルの倹約度を判断することはできません。AIC よりも BIC のほうが倹約度を重視する度合いが強いですが，どちらの指標を使うべきかについては定まっていません。複数の指標を併用して総合的に判断することが必要です。

9.4.2　複数のモデルを比較

先ほどの確認的因子分析では，モデルに実際のデータがあまり適合していない可能性が示唆されました。当初，今回の授業評価アンケートは，2 因子になるように設計したものです。そこで，解釈の難しい設問 3 と設問 7 を分析から除外し，設問 8・設問 9・設問 4 の因子（授業の満足度）と設問 2・設問 1・設問 6 の因子（教員の指導技術）で再び確認的因子分析をしてみます。

```
> # 2因子構造のモデルを記述
> model.2 <- '
+   LV.1 =~ item8 + item9 + item4
+   LV.2 =~ item2 + item1 + item6 '
> # 確認的因子分析
> fit.2 <- cfa(model.2, data = dat, estimator = "ML")
> summary(fit.2, fit.measures = TRUE, standardized = TRUE)
lavaan 0.6-6 ended normally after 26 iterations

  Estimator                                         ML
  Optimization method                           NLMINB
  Number of free parameters                         13

  Number of observations                           200

Model Test User Model:

  Test statistic                                13.786
  Degrees of freedom                                 8
  P-value (Chi-square)                           0.088

Model Test Baseline Model:

  Test statistic                               377.790
  Degrees of freedom                                15
  P-value                                        0.000
```

```
User Model versus Baseline Model:

  Comparative Fit Index (CFI)                    0.984
  Tucker-Lewis Index (TLI)                       0.970

Loglikelihood and Information Criteria:

  Loglikelihood user model (H0)               -1581.788
  Loglikelihood unrestricted model (H1)       -1574.895

  Akaike (AIC)                                 3189.576
  Bayesian (BIC)                               3232.455
  Sample-size adjusted Bayesian (BIC)          3191.269

Root Mean Square Error of Approximation:

  RMSEA                                          0.060
  90 Percent confidence interval - lower         0.000
  90 Percent confidence interval - upper         0.112
  P-value RMSEA <= 0.05                           0.327

Standardized Root Mean Square Residual:

  SRMR                                           0.036
    (省略)
```

上記の実行結果では，前回と異なり，χ^2検定の結果（P-value (Chi-square)）は有意ではありません（$p = .088$）。CFI（0.984），TLI（0.970），SRMR（0.036）は，3因子モデルと比べて改善しています。RMSEA（0.060，90%信頼区間 [0.000, 0.112]）は，表9.4の基準をわずかに満たしません。それでも，3因子モデルと比べて，2因子モデルは，実際のデータによく適合していると言えそうです。さらに，3因子モデル（fit.1）と2因子モデル（fit.2）をanova関数で比較してみると，fit.2のAICとBICは，fit.1と比べて十分に低いことがわかります[10]。

---

[10]　ただし，モデルの比較において，任意の観測変数をモデルから削除することの是非は十分検討しなければなりません（南風原，2002b）。特に，異なる観測変数を用いた複数のモデルを検定（Chi Square Difference Test）の結果で比較することはできません（星野・岡田・前田，2005）。

```
> # model.1とmodel.2の比較
> anova(fit.1, fit.2)
Chi Square Difference Test

      Df    AIC    BIC  Chisq Chisq diff Df diff Pr(>Chisq)
fit.2  8 3189.6 3232.5 13.786
fit.1 17 4334.8 4397.5 38.362     24.576      9   0.003477 **
---
Signif. codes:  0 '***' 0.001 '**' 0.01 '*' 0.05 '.' 0.1 ' ' 1
```

9.5　因子得点・尺度得点による評価

　ようやく，教員の指導技術と授業の満足度の関係を調べる準備ができました。因子分析では，抽出した因子を数値化して，他の分析で利用することができます。まずは，確認的因子分析をした結果（fit.2）を lavPredict 関数に渡して，因子得点を計算してみましょう。

```
> # 因子得点の計算
> lavPredict(fit.2)
          LV.1    LV.2
  [1,] -0.802 -0.920
  [2,] -0.624 -1.883
    （省略）
[200,] -0.939 -1.277
```

　因子得点は，各観測変数の因子負荷量を重み付けに使用したものです。各回答者の個人差をよりよく反映していますが，平均値が0になるように標準化されているため，直感的に解釈しづらい部分もあります。また，アンケート調査を行うたびに因子得点を計算するのも実用的ではありません。

　尺度得点は，各因子に対応する観測変数の平均値で，簡単に計算することができます。今回の場合，授業の満足度は設問8・設問9・設問4の平均値から，教員の指導技術は設問2・設問1・設問6の平均値から，それぞれ計算できます。各回答者の平均値を求めるには，rowMeans 関数を使います。

```
> # 尺度得点の計算
> LV.1 <- rowMeans(dat[, c(9, 10, 5)])
> LV.2 <- rowMeans(dat[, c(3, 2, 7)])
> cbind(LV.1, LV.2)
            LV.1      LV.2
  [1,] 3.000000 3.000000
  [2,] 3.333333 2.333333
   （省略）
[200,] 2.666667 3.000000
```

　図 **9.4** は，因子得点と尺度得点それぞれに関して，第 1 因子（LV.1：授業の満足度）と第 2 因子（LV.2：教員の指導技術）の間にある相関関係を散布図にしたものです。この図を見ると，左右の散布図がある程度似ていることがわかります。因子得点，あるいは尺度得点を算出したあとは，因子間の相関係数を求めたり，クラスター分析（11 章）で層別にしてから平均値を比べたりするなど，授業評価アンケートの運用方法に応じて，さらなる分析を続けることになります。

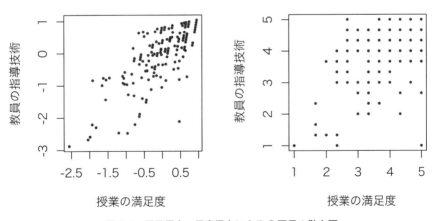

図 9.4　因子得点・尺度得点による 2 因子の散布図

COLUMN 項目反応理論
——テストごとの難易度を考慮して成績を出したい——

　「今年の新入生は去年の学生より出来がいい」や「この学年は昨年よりも成績が伸びた」など，テストの得点による受験者集団の比較が教育現場で頻繁に行われます。しかし，比較に用いたテストが異なると，途端に話が難しくなります。テストの点数がよかったのは，「受験者の能力が高かったから」なのか，「問題（の難易度）が違ったから」なのかがわからなくなるためです。この問題を解決するのが**項目反応理論**です。

　ここでは，テスト A の受験者とテスト B の受験者を項目反応理論で比較する方法（**テストの等化**）を簡単に紹介します [11]。異なるテストの結果を比較する場合は，少なくとも，

① 　2 つのテストで測定する知識・技能が同じであること
② 　2 つのテストに共通して出題される問題があること [12]

の 2 点が必要です。さらに，項目反応理論を使う前提として，

③ 　ある問題が他の問題の正解・不正解に関連していないこと

を確認しましょう。たとえば，問 1 が不正解ならば問 2 も自動的に不正解になるようなテストを項目反応理論で分析することは好ましくありません。

　ここで等化するのは，50 問の択一式テストの成績（正解 = 1，不正解 = 0）です。まずは，本書付属データ（data_ch9-2.csv と data_ch9-3.csv）を R に読み込みます。CI1 から CI20 までの 20 問は，テスト A とテスト B の共通項目です。残り 30 問は，互いに異なる問題です。異なる 170 名の受験者がそれぞれどちらかのテストを受験しています。

```
> # CSV ファイルの読み込み（ヘッダーがある場合）
> # data_ch9-2.csv を選択
> dat.A <- read.csv(file.choose(), header = TRUE)
> # data_ch9-3.csv を選択
> dat.B <- read.csv(file.choose(), header = TRUE)
```

　R で項目反応理論を行う方法は複数ありますが，ここでは，ltm パッケー

[11]　項目反応理論の適用やテストの等化を行う上での制約については豊田（2012c）を参照。
[12]　2 つのテストを同じ受験者が受験している場合も等化が可能です（たとえば，ある学年の成績の経年変化を，共通項目を含まない異なるテストの結果から比較する）。詳しくは，加藤・山田・川端（2014）の 11 章を参照。

ジ[13] の rasch 関数を使います[14]。

```
> # パッケージのインストール（初回のみ）
> install.packages("ltm", dependencies = TRUE)
> # パッケージの読み込み
> library("ltm")
> # 1パラメタ（Rasch）モデルで分析
> test.A <- rasch(dat.A[, -1])
> test.B <- rasch(dat.B[, -1])
```

　テスト A を例に，分析結果を確認します。**図 9.5** の左の図は，A3，A4，A9 の**項目特性曲線**です。この図を作成する場合は，plot 関数の引数 type で "ICC" を指定します。引数 items を指定しなければ，50 項目すべての結果が一度に表示されますが，ここでは，23（A3），24（A4），29 列目（A9）の項目を図示するようにしています。図の横軸に受験者の**能力推定値**[15]，縦軸にその問題に正解する確率がプロットされています。たとえば，能力推定値が 0 の受験者は，A3 に約 50％の確率で正解できることを示しています。また，A4 には約 80％，A9 には約 35％の確率で正解できるようです。

```
> # 2つの図を1つにまとめて表示する設定
> par(mfrow = c(1, 2))
> # 項目特性曲線の作成
> plot(test.A, type = "ICC", items = c(23, 24, 29))
> # 項目情報量曲線の作成
> plot(test.A, type = "IIC", items = c(23, 24, 29))
```

　図 9.5 の右の図は，**項目情報量曲線**です。この図を作成する場合は，plot 関数の引数 type で "IIC" を指定します。この図を見ると，A4 の項目情報量は，能力推定値が −2 あたりで最大になっています。これは，A4 が能力推定値 −2 近辺の受験者の能力を精度よく測定していたことを意味します。
　続いて，factor.scores.rasch 関数を用いて，各受験者の能力推定値も計算してみましょう。

---

†13　https://cran.r-project.org/package=ltm
†14　他にもさまざまなモデルがありますが，分析に数百名から数千名単位のサンプルサイズが必要となるため，本書では扱いません。詳しくは，加藤・山田・川端（2014）の 4 章を参照。
†15　能力推定値はロジット変換された値で，theta（θ）と呼ばれます。能力推定値を得点に換算する方法については，光永（2017）の 2 章を参照。

169

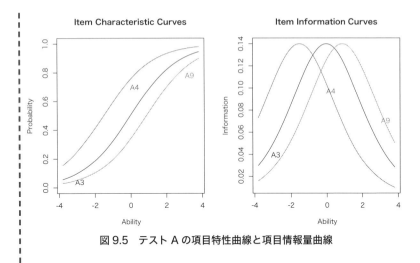

図 9.5　テスト A の項目特性曲線と項目情報量曲線

```
> # 能力推定値の計算
> theta.A <- factor.scores.rasch(test.A,
+ resp.pattern = dat.A[, -1])
> theta.B <- factor.scores.rasch(test.B,
+ resp.pattern = dat.B[, -1])
> A.theta <- theta.A$score.dat$z1
> B.theta <- theta.B$score.dat$z1
> # 計算結果の冒頭を確認
> head(A.theta)
[1]  1.21653306 -0.97973681  1.41100373  0.85699618
[5]  0.22339372 -0.06356625
> head(B.theta)
　（省略）
```

　図 9.6 は，テスト A 受験者の能力推定値の特徴を示しています[16]。左側の
ヒストグラムを見てわかるとおり，通常，能力推定値は平均値 0 となり，−3
から 3 の範囲に収まります。また，右側の散布図を見ると，素点が最大値に
近いほど，能力は予測（回帰直線）よりも高く推定されることがわかります。
ある学習者のテスト得点を 50 点から 55 点に伸ばすのと，90 点から 95 点
に伸ばすのでは，経験的に後者のほうが大変です。90 点から 5 点伸ばすた
めには，50 点から 5 点伸ばすよりも，難しい問題にたくさん正解する必要
があります。同じ 5 点でも点数の価値が違うように感じるのは，このためで

---

[16]　コードの詳細は，本書付属データのコードの「# 図 9.6」を参照。

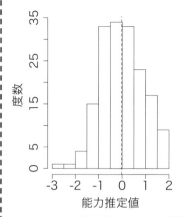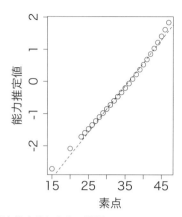

図 9.6　テスト A 受験者の能力推定値と素点の関係

す。項目応答理論で計算される能力推定値は，難易度といった項目の特性を考慮するため，受験者の実力をより正確に推定することができます。

　それでは，テスト A とテスト B の等化を行います。test.A\$coefficients と test.B\$coefficients の中には，問題の難易度データが入っています。20 問目までは共通項目だったため，それぞれの平均値を計算してみます。その結果，テスト A における難易度の平均値は 1.32，テスト B では 0.95 であったことから，同じ問題を解いたにもかかわらず，テスト B の受験者にとって共通項目がやさしかったとわかります。つまり，テスト B の受験者は，テスト A の受験者と比べて能力が高かったと推察されます。

　共通項目の難易度は，受験者によらず同じはずなので，能力推定値を変換する係数 [17] を求めます。Rasch モデルを用いた場合は，テスト A 共通項目の難易度とテスト B 共通項目の難易度の差をテスト B 受験者の能力推定値に足します。これで，受験者の能力を直接比較することができるようになります。

```
> # 共通項目の難易度の平均値
> (dffcltA.mean <- mean(test.A$coefficients[1:20, 1]))
[1] 1.323127
> (dffcltB.mean <- mean(test.B$coefficients[1:20, 1]))
[1] 0.9508194
```

---

[17]　これを**等化係数**と呼びます。等化係数の求め方は，項目反応理論で使用するモデルによって異なります。導出過程を含め，詳細は豊田（2012c）の 6 章，加藤・山田・川端（2014）の 11 章，光永（2017）の 4 章を参照。

```
> # 変換式の作成
> Intercept <- dffcltA.mean - dffcltB.mean
> # テスト B 受験者の能力推定値をテスト A に合わせる処理
> B.adjusted <- B.theta + Intercept
```

図 9.7 は，テスト A，等化前のテスト B，等化後のテスト B それぞれに対して，受験者の能力推定値を箱ひげ図にしたものです。等化前と比べて，等化後のテスト B 受験者の能力が全体的に上方修正されていることが確認できます。

```
> # 等化前と等化後のテスト B 受験者の能力推定値の変化を箱ひげ図で可視化
> boxplot(A.theta, B.theta, B.adjusted,
+ names = c("テスト A", "テスト B（等化前）", "テスト B（等化後）"),
+ main = NA, xlab = NA, ylab = "能力推定値", col = "grey")
```

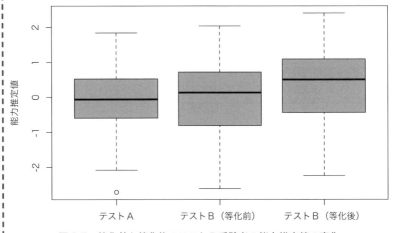

図 9.7　等化前と等化後のテスト B 受験者の能力推定値の変化

ここまでは，正解・不正解の 2 値型データに対する項目反応理論の手続きを紹介してきました。しかし，実際のテストでは，部分点を与えたり，段階評価をしたりすることもあります。次に分析するのは，18 問の 4 段階評価（0 点〜3 点）テストの成績です。まずは，本書付属データ（data_ch9-4.csv）を R に読み込みます。

```
> # CSV ファイルの読み込み
> # data_ch9-4.csv を選択
```

```
> dat.C <- read.csv(file.choose(), header = TRUE)
```

　多値型のデータを扱う場合は，mirt パッケージ[18] の mirt 関数が便利です。その際，引数 model には，測定する能力の数（通常は 1）を指定します。引数 itemtype には，"graded"（段階反応モデル）[19] を指定します。そして，能力推定値は，fscores 関数で計算します。

```
> # パッケージのインストール（初回のみ）
> install.packages("mirt", dependencies = TRUE)
> # パッケージの読み込み
> library("mirt")
> # 段階反応モデルで分析
> test.C <- mirt(data = dat.C[, -1], model = 1,
+ itemtype = "graded")
> # 能力推定値の計算
> C.theta <- fscores(test.C)
> C.theta
   （省略）
```

　項目特性曲線も図示してみましょう。図 9.8 では，Q6 と Q10 の特徴を可視化しています（引数 which.items で指定しなければ，18 問すべての項目特性曲線を一度に描画することができます）。モノクロの紙面ではわかりづらいですが，この図を見ると，Q6 では能力推定値（θ）が −2 近辺で 1 点（P2）が与えられる確率が高く，0 近辺で 2 点（P3）が与えられる確率が高いことがわかります。Q10 にも同様の傾向が見られます。

```
> # 項目特性曲線の作成
> plot(test.C, type = 'trace', which.items = c(6, 10))
```

9

---

†18　https://cran.r-project.org/package=mirt
†19　段階反応モデル以外にもさまざまな多値型モデルがあります。多値型モデルでテストを等化する方法は，加藤・山田・川端（2014）の 11 章を参照。

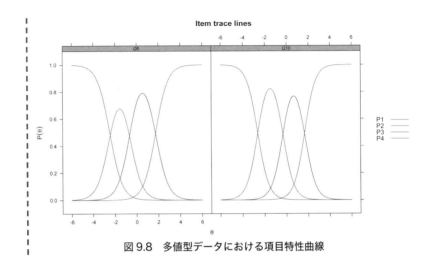

図 9.8　多値型データにおける項目特性曲線

10章

構造方程式モデリング
──成績データから因果関係を探りたい──

　本章では，潜在変数を含む複数の変数間の関係性を柔軟にモデル化する，構造方程式モデリングの手法を紹介します。特に，予測変数（原因）と結果変数（結果）の因果関係を分析し，結果を解釈する方法について説明します。ここでは，教員の「説明のわかりやすさ」と「学生対応」から授業に対する「興味関心」と「理解度」を予測するなどの例を扱います。

10.1 構造方程式モデリングの考え方

　構造方程式モデリング（共分散構造分析）は，変数間の関係性を**パス図**によってモデル化する統計手法です。変数間の関係性を分析する手法として，ここまで相関分析（7章），回帰分析（8章），因子分析（9章）を学んできました。構造方程式モデリングではさらに，観測変数だけでなく潜在変数同士の関係性を分析したり，複数の予測変数と結果変数を同時に扱ったりできるようになります。たとえば，**図10.1**は，観測変数1〜3によって指標化された予測変数（潜在変数1）が，複数の結果変数（観測変数4〜6）にどのような影響を与えているかを検討するモデルになっています。

　パス図では，観測変数を長方形，潜在変数を楕円形で表します。各変数を結ぶ矢印は**パス**と呼ばれ，単方向の影響を示すパスと双方向の影響を示すパスがあります。パス上の数値は**パス係数**と呼ばれ，単方向のパス係数は標準化偏回帰係数や因子負荷量，双方向のパス係数は相関係数に相当します。また，単方向のパスを受けている変数（ここでは潜在変数1と観測変数4〜6）についている数値は残差を意味します。

　Rで構造方程式モデリングを行うには，lavaanパッケージを使います。ま

10

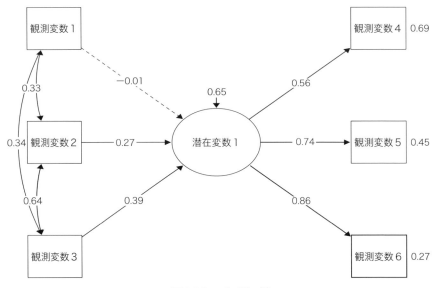

図 10.1　パス図の例

た，パス図の作成には，semPlot パッケージ[†1] を使います。詳しくは，豊田（2014）や Kline（2015）を参照してください。

```
> # パッケージのインストール（初回のみ）
> install.packages("semPlot", dependencies = TRUE)
> # パッケージの読み込み
> library("lavaan")
> library("semPlot")
```

10.2 構造方程式モデリングで因果分析

　教育データの分析に構造方程式モデリングを用いる理由の 1 つは，**因果分析**を行うことにあります。変数間の関係性を説明・記述する因子分析とは異なり，因果分析では，結果を予測するためのモデルを得ることが目的です。変数間の因果を表すモデルとしては，**パス解析**，**MIMIC モデル**，**多重指標モデル**，**交差遅延モデル**，**潜在成長曲線モデル**などがあります（豊田，1991）。以下，それぞれ

†1　https://cran.r-project.org/package=semPlot

のモデルを用いて，さまざまなデータを分析してみます。

10.2.1 パス解析

　パス解析は，観測変数間に因果関係を仮定できる場合に用います。複数の結果変数を同時に扱える点が回帰分析と異なります。ここでは，授業に対する「興味関心」と「理解度」を，教員の「説明のわかりやすさ」と「学生対応」から予測するパス図を作成します。まずは，成績データ（本書付属データに含まれているdata_ch10-1.csv）をRに読み込みます[†2]。

```
> # CSVファイルの読み込み
> # data_ch10-1.csvを選択
> dat <- read.csv(file.choose(), fileEncoding = "shift-jis",
+ header = TRUE)
```

　パス解析には，大きく分けて，**逐次モデル**と**非逐次モデル**[†3] の 2 種類があります。**図 10.2** の逐次モデルは，起点となる任意の変数から単方向パスだけをたどって，起点となった変数に戻ってくることができないモデルを指します。因果の方向性が定まっている場合に，逐次モデルが使われます。

```
> # パス解析（逐次モデルの指定）
> model.RM <- '
+    興味関心 ~ 学生対応 + 説明
+    理解度 ~ 説明 + 興味関心 '
```

10

　はじめに，「興味関心」は「学生対応」と「説明」で予測できると想定しました。この関係は，「興味関心 ~ 学生対応 + 説明」という回帰式で表されます。同じく「理解度」は「説明」と「興味関心」で予測できると想定し，「理解度 ~ 説明 + 興味

---

†2　data_ch10-1.csv には 日 本 語 が 含 ま れ て い る た め，read.csv 関 数 の 引 数 fileEncoding で文字コードを指定します（shift-jis 環境では省略可能）。R で全角文字を使用することは推奨されませんが，構造方程式モデリングでは変数が多く，理解しやすさのために日本語で変数名をつけています。

†3　非逐次モデルは，単方向パスをたどって起点となった元の変数に戻れる変数が少なくとも 1 つあるモデルです。図 10.2 に「理解度→興味関心」という単方向パスを追加すると，「理解度→興味関心→理解度」と起点になった変数に戻れる非逐次モデルができます。非逐次モデルは，双方向の関係性の強さを調べた上で，因果の方向性を検討するために使われます。

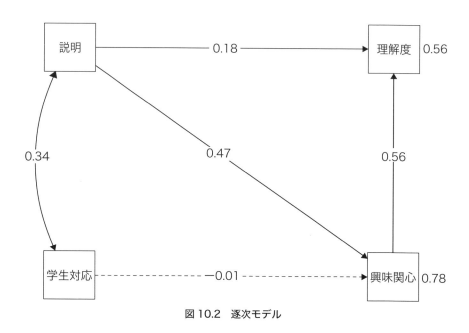

図10.2　逐次モデル

関心」という回帰式をモデルに追加します。「説明」と「学生対応」の相関関係は，自動的に指定されます。モデルを '' で囲むのを忘れないようにしましょう。

　モデルを指定したら，分析に進みます。具体的には，sem 関数に分析モデル（model.RM），使用データ（data = dat），分析方法（estimator = "ML"）を指定します。分析結果は，summary 関数で確認します。以下のコードでは，適合度指標（fit.measures），標準化係数（standardized），R^2 値（rsquare）を表示する設定になっています。

```
> # 分析と結果の表示
> fit.RM <- sem(model.RM, data = dat, estimator = "ML")
> summary(fit.RM, fit.measures = TRUE, standardized = TRUE,
+ rsquare = TRUE)
lavaan 0.6-6 ended normally after 15 iterations

  Estimator                                      ML
  Optimization method                        NLMINB
  Number of free parameters                       6

  Number of observations                        200
```

```
Model Test User Model:

  Test statistic                                    0.097
  Degrees of freedom                                    1
  P-value (Chi-square)                              0.755

Model Test Baseline Model:

  Test statistic                                  166.684
  Degrees of freedom                                    5
  P-value                                           0.000

User Model versus Baseline Model:

  Comparative Fit Index (CFI)                       1.000
  Tucker-Lewis Index (TLI)                          1.028

Loglikelihood and Information Criteria:

  Loglikelihood user model (H0)                  -458.956
  Loglikelihood unrestricted model (H1)          -458.907

  Akaike (AIC)                                    929.912
  Bayesian (BIC)                                  949.702
  Sample-size adjusted Bayesian (BIC)             930.693

Root Mean Square Error of Approximation:

  RMSEA                                             0.000
  90 Percent confidence interval - lower            0.000
  90 Percent confidence interval - upper            0.128
  P-value RMSEA <= 0.05                             0.808

Standardized Root Mean Square Residual:

  SRMR                                              0.005

Parameter Estimates:

  Standard errors                                Standard
  Information                                    Expected
  Information saturated (h1) model             Structured

Regressions:
```

10

```
              Estimate   Std.Err   z-value   P(>|z|)   Std.lv   Std.all
  興味関心 ~
    学生対応     -0.006     0.062    -0.099     0.921   -0.006    -0.007
    説明          0.425     0.059     7.160     0.000    0.425     0.474
  理解度 ~
    説明          0.145     0.047     3.065     0.002    0.145     0.184
    興味関心      0.492     0.053     9.282     0.000    0.492     0.557

Variances:
              Estimate   Std.Err   z-value   P(>|z|)   Std.lv   Std.all
  .興味関心      0.776     0.078    10.000     0.000    0.776     0.777
  .理解度        0.435     0.044    10.000     0.000    0.435     0.559

R-Square:
              Estimate
  興味関心      0.223
  理解度        0.441
```

　そして，以下のコードを実行すると，図 10.2 のパス図が作成されます。なお，見やすいパス図を作るには，semPaths 関数の引数をいろいろと指定する必要があります（各コードの意味については本章末尾の表 10.1 を参照）[†4]。

　まず，Regressions に，回帰分析の結果が示されています[†5]。「興味関心」は，「説明」によって予測され（Std.all = 0.47, P(>|z|) = .000），「学生対応」による影響は受けない（Std.all = -0.01, P(>|z|) = .921）ことがわかります。同様に，「理解度」は，「説明」によって予測され（Std.all = 0.18, P(>|z|) = .002），「興味関心」の影響も受ける（Std.all = 0.56, P(>|z|) = .000）ことがわかります。

```
> # パス図の作成
> semPaths(fit.RM, what = "stand", style = "lisrel",
+ layout = "tree", rotation = 2, nCharNodes = 0,
```

---

†4　最適な文字の大きさや線の太さは，実行環境によって異なります。適宜，調整してください。

†5　Estimate は偏回帰係数，Std.Err は偏回帰係数の標準誤差，z-value と P(>|z|) は偏回帰係数が 0 でない確率の検定結果，Std.lv は潜在変数のみを標準化した偏回帰係数，Std.all は潜在変数と観測変数すべてを標準化した偏回帰係数を指します。また，Model Test User Model から Standardized Root Mean Square Residual までの適合度指標の読み方については，9 章を参照。Variances は，残差の分散です。R-Square には，各結果変数に対する R^2 値が表示されます。

```
+ nCharEdges = 0, fade = FALSE, edge.width = 0.2,
+ label.scale = FALSE, label.cex = 1.2, theme = 'gray',
+ asize = 6.0, node.width = 2.0, curve = 2.0)
```

　以上の結果から，教員の説明のわかりやすさは，授業の理解度に直接影響を与えつつ，学生の興味関心を向上させることができると言えます。さらに，興味関心は，教員の説明のわかりやすさよりも強く，授業の理解度を向上させる要因となるようです。学生対応は，興味関心に影響を与えていません。もちろん，学生対応に気を使わなくてよいということではなく，学生対応が授業の理解度を向上させるという関係性を想定できるかもしれません。その場合には，モデルを修正して再度分析を行うことになります（10.3 節参照）。

10.2.2　MIMIC モデル

　MIMIC（Multiple Indicator Multiple Cause）モデルは，**図10.3** のように，複数の観測変数によって 1 つの潜在変数が規定され，その潜在変数が予測変数となり，別の複数の結果変数に影響を与えているような因果関係を表します。ここでは，9 章のデータを応用し，複数のアンケート項目で構成される潜在変数「指導技術」が授業の「理解度」，「興味関心」，「進み具合」をどの程度予測するのかを調べるパス図を作成します。まずは，成績データ（本書付属データに含まれている data_ch10-2.csv）を R に読み込みます。

```
> # CSVファイルの読み込み
> # data_ch10-2.csvを選択
> dat.2 <- read.csv(file.choose(), fileEncoding = "shift-jis",
+ header = TRUE)
```

　ここからは，図 10.3 のモデルを描きます。潜在変数から伸びる単方向パスは，「指導技術 =~ 進み具合 ＋ 興味関心 ＋ 理解度」で表します。観測変数から潜在変数に伸びる単方向パスは，「指導技術 ～ 学生対応 ＋ 話し方 ＋ 説明」とします。「説明」，「話し方」，「学生対応」間の相関関係は，自動的に指定されます。モデルを指定したら，分析を行い，その結果を確認します。

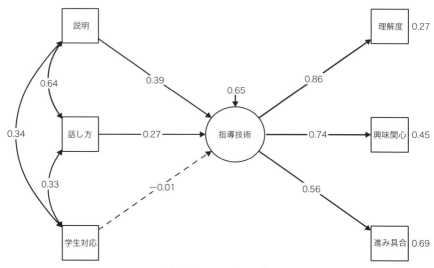

図 10.3　MIMIC モデル

```
> # MIMICモデルの指定
> model.MIMIC <- '
+    指導技術 =~ 進み具合 + 興味関心 + 理解度
+    指導技術 ~ 学生対応 + 話し方 + 説明 '
> # 分析と結果の表示
> fit.MIMIC <- sem(model.MIMIC, data = dat.2, estimator = "ML")
> summary(fit.MIMIC, fit.measures = TRUE, standardized = TRUE,
+ rsquare = TRUE)
   （省略）
```

　そして，以下のコードを実行すると，図 10.3 のパス図が作成されます。まず，
指導技術は「説明」（0.39）と「話し方」（0.27）によって規定され，「学生対応」
は指導技術に影響しない（-0.01）ことがわかります。そして，指導技術の高さ
は理解度の高さと最も深くかかわり（0.86），興味関心の高さ（0.74）や進み
具合の適切さ（0.56）ともかかわると言えそうです。

```
> # パス図の作成
> semPaths(fit.MIMIC, what = "stand", style = "lisrel",
+ layout = "tree", rotation = 2, nCharNodes = 0,
+ nCharEdges = 0, fade = FALSE, optimizeLatRes = TRUE,
+ edge.width = 0.2, label.scale = FALSE, label.cex = 1.2,
```

```
+ theme = 'gray', asize = 6.0, node.width = 1.5, curve = 2.0)
```

10.2.3 多重指標モデル

多重指標モデルは，図 **10.4** のように，一方の潜在変数が予測変数，もう一方の潜在変数が結果変数となるモデルです。ここでは 9 章のデータを応用し，複数のアンケート項目で構成される潜在変数「指導技術」が同じく複数のアンケート項目で構成される潜在変数「授業満足度」をどの程度予測するのかを調べるパス図を作成します。まずは，成績データ（本書付属データに含まれている data_ch10-3.csv）を R に読み込みます。

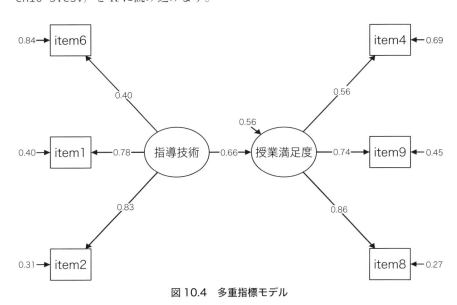

図 10.4　多重指標モデル

```
> # CSVファイルの読み込み
> # data_ch10-3.csvを選択
> dat.3 <- read.csv(file.choose(), fileEncoding = "shift-jis",
+ header = TRUE)
```

ここからは，図 10.4 のモデルを描きます。はじめに，「item8」，「item9」，「item4」からなる潜在変数「授業満足度」を「授業満足度 =~ item8 + item9 + item4」のように導入します。同じく，「指導技術 =~ item2 + item1 +

item6」で潜在変数「指導技術」を追加します。「指導技術」で「授業満足度」を予測する回帰式を追加したら，分析と結果の表示に進みます。

```
> # 多重指標モデルの指定
> model.MIC <- '
+   授業満足度 =~ item8 + item9 + item4
+   指導技術 =~ item2 + item1 + item6
+   授業満足度 ~ 指導技術 '
> # 分析と結果の表示
> fit.MIC <- sem(model.MIC, data = dat.3, estimator = "ML")
> summary(fit.MIC, fit.measures = TRUE, standardized = TRUE,
+ rsquare = TRUE)
  （省略）
Regressions:
                   Estimate  Std.Err  z-value  P(>|z|)   Std.lv  Std.all
  授業満足度 ~
    指導技術          0.538    0.073    7.326    0.000    0.662    0.662
    （省略）
R-Square:
                   Estimate
    （省略）
    授業満足度         0.438
```

そして，以下のコードを実行すると，図 10.4 のパス図が作成されます。潜在変数から各観測変数に伸びるパス係数（因子負荷量）がいずれも 0.4 以上なので，潜在変数の規定に役立たないアンケート項目はないと判断します。また，回帰分析の結果，指導技術が高いと授業満足度も高くなるという関係性があるとわかります（Std.all = 0.66, P(>|z|) = .000）。さらに，R^2 値が .44 であるため，授業満足度の変動の 44%が教員の指導技術によって説明できることがわかります。

```
> # パス図の作成
> semPaths(fit.MIC, what = "stand", style = "lisrel",
+ layout = "tree", rotation = 2, nCharNodes = 0,
+ nCharEdges = 0, fade = FALSE, optimizeLatRes = TRUE,
+ edge.width = 0.2, label.scale = FALSE, label.cex = 1.2,
+ theme = 'gray', asize = 6.0, node.width = 1.5)
```

10.2.4 交差遅延モデル

　交差遅延モデルは，同じ学習者から一定の期間を置いて2回集めた縦断（繰り返し）データを用いて，因果関係を探るために使われます。たとえば，**図 10.5** は，「多読量が増えるほど単語力は高くなるか」という因果関係をモデル化しています。多読量と単語力のデータを同時期に収集した横断データでは，本をたくさん読むと単語力が高くなるのか，単語力が高いとたくさん本を読めるのかを区別できません。そこで，予測変数となる多読量を先に，結果変数となる単語力をあとで調べることで因果の方向を固定しようとするのが，縦断データを収集するメリットの1つになります。

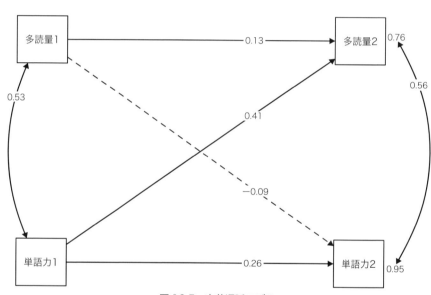

図 10.5　交差遅延モデル

　ここからは，図 10.5 のモデルを描いてみます。まずは，成績データ（本書付属データに含まれている data_ch10-4.csv）を R に読み込みます。

```
> # CSVファイルの読み込み
> # data_ch10-4.csvを選択
> dat.4 <- read.csv(file.choose(),fileEncoding = "shift-jis",
+ header = TRUE)
```

　交差遅延モデルでは，2 回目の調査データが結果変数，1 回目の調査データが予測変数となります。ここでは「単語力 2 ～ 単語力 1 ＋ 多読量 1」，「多読量 2 ～ 単語力 1 ＋ 多読量 1」と書きます。「多読量 1」と「単語力 1」の相関，および「多読量 2」と「単語力 2」の残差間の相関は，自動的に設定されます。モデルを指定したら，分析と結果の表示に進みます。

```
> # 交差遅延モデル
> model.CLM <- '
+     単語力2 ～ 単語力1 + 多読量1
+     多読量2 ～ 単語力1 + 多読量1 '
> # 分析と結果の表示
> fit.CLM <- sem(model.CLM, data = dat.4, estimator = "ML")
> summary(fit.CLM, fit.measures = TRUE, standardized = TRUE,
+ rsquare = TRUE)
    (省略)
```

　そして，以下のコードを実行すると，図 10.5 のパス図が作成されます。「多読量 1」は，「単語力 2」を予測する要因にはなっていません（-0.09）。これは，多読（原因）が単語力（結果）に結びつかないことを意味しています。その一方で，「単語力 1」は，「多読量 2」を予測する要因になっています（0.41）。したがって，単語力（原因）が多読量（結果）に結びついていると解釈します。

```
> # パス図の作成
> semPaths(fit.CLM, what = "stand", style = "lisrel",
+ layout = "tree2", rotation = 2, nCharNodes = 0,
+ nCharEdges = 0, fade = FALSE, edge.width = 0.2,
+ edge.label.position = 0.7, label.scale = FALSE,
+ label.cex = 1.2, theme = 'gray', asize = 6.0,
+ node.width = 2.0, curve = 2.0)
```

10.2.5　潜在成長曲線モデル

　潜在成長曲線モデルは，同じ学習者から一定の期間を置いて複数回集めた縦断データを分析し，時系列変化から因果関係を探るのに使われます。たとえば，**図 10.6** は，一学期から三学期にかけて 3 回テストした英語力の変化をモデル化しています。潜在成長曲線モデルでは，学習者の成長を切片と傾きという潜在変数

で表します。また，それぞれの分散は，時系列変化の個人差を意味します。これらの数値を求めることが潜在成長曲線モデルを作る主な目的です。

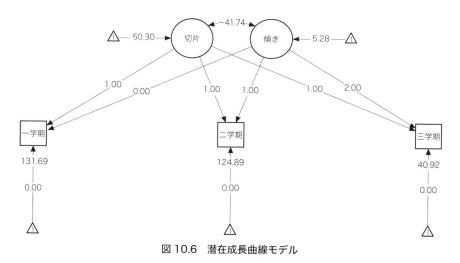

図 10.6　潜在成長曲線モデル

ここからは，図 10.6 のモデルを描いてみます。まずは，成績データ（本書付属データに含まれている data_ch10-5.csv）を R に読み込みます。

```
> # CSVファイルの読み込み
> # data_ch10-5.csvを選択
> dat.5 <- read.csv(file.choose(), fileEncoding = "shift-jis",
+ header = TRUE)
```

潜在成長曲線モデルの作成方法は，これまでと少し異なります。これまでは非標準化パス係数を自由に推定させていましたが[6]，潜在成長曲線モデルでは，切片に対する非標準化パス係数をすべて 1 に固定します。モデルは，「切片 =~ 1 * 一学期 + 1 * 二学期 + 1 * 三学期」のように，各観測変数に「1 *」をつけます。傾きに対する非標準化パス係数は，目的に応じて自由に設定することができます。基本的には，初回の測定地点を 0 とし，成績が直線的に伸びると想定するならば，2 回目の係数を 1，3 回目の係数を 2 と，1 ずつ増やしていきま

---

[6]　ちなみに，lavaan パッケージでは，デフォルトで第 1 指標の非標準化パス係数を 1 に固定しています。

す[†7]。したがってモデルは「傾き =~ 0 * 一学期 + 1 * 二学期 + 2 * 三学期」
となります。

```
> # 潜在成長曲線モデルの指定
> model.LGM <- '
+   切片 =~ 1 * 一学期 + 1 * 二学期 + 1 * 三学期
+   傾き =~ 0 * 一学期 + 1 * 二学期 + 2 * 三学期 '
```

モデルを指定したら，分析と結果の表示に進みます。分析には，潜在成長曲線
モデルの設定がデフォルトで適用される growth 関数を用います。

```
> # 分析と結果の表示
> fit.LGM <- growth(model.LGM, data = dat.5, estimator = "ML")
> summary(fit.LGM, fit.measures = TRUE, standardized = TRUE,
+ rsquare = TRUE)
    (省略)
Covariances:
                  Estimate  Std.Err  z-value  P(>|z|)   Std.lv   Std.all
    切片 ~~
      傾き        -41.743   21.575   -1.935    0.053   -0.286   -0.286
Intercepts:
                  Estimate  Std.Err  z-value  P(>|z|)   Std.lv   Std.all
    .一学期          0.000                               0.000    0.000
    .二学期          0.000                               0.000    0.000
    .三学期          0.000                               0.000    0.000
    切片            50.299    1.429   35.194    0.000    2.405    2.405
    傾き             5.275    0.578    9.132    0.000    0.756    0.756
Variances:
                  Estimate  Std.Err  z-value  P(>|z|)   Std.lv   Std.all
    .一学期        131.691   38.773    3.396    0.001  131.691    0.231
    .二学期        124.892   19.796    6.309    0.000  124.892    0.237
    .三学期         40.921   35.849    1.141    0.254   40.921    0.081
    切片           437.436   53.026    8.250    0.000    1.000    1.000
    傾き            48.674   18.618    2.614    0.009    1.000    1.000
    (省略)
```

そして，以下のコードを実行すると，図 10.6 のパス図が作成されます。ま

[†7]　時系列変化を直線的ではなく曲線的と仮定する場合は「傾き =~ 0 * test1 + 1 * test2 + 4 * test3 + 9 * test4 ...」のように「0, 1, 2, 3, ...」を 2 乗した値「0, 1, 4, 9, ...」を指定します。

ず，Intercepts を見ます。切片（一学期の成績）の推定値は，50.30 です。傾き（成長の度合い）の推定値が 5.28 なので，二学期の成績が 50.30 + 5.28 点，三学期の成績が 50.30 + 10.56 点，平均して伸びていると解釈できます。次に，Variances を見ます。切片（P(>|z|)=.000）と傾き（P(>|z|)=.009）の分散が 0 ではないため，英語力には一学期の時点で個人差があり，成長の度合いにも個人差があると言えます。最後に，Covariances を見ます。切片と傾きの間にある負の関係は，一学期時点での英語力が低いほど，成長の度合いが高いことを意味しています[8]。

```
> # パス図の作成
> semPaths(fit.LGM, title = FALSE, whatLabels = "est",
+ style = "lisrel", layout = "tree", rotation = 1,
+ nCharNodes = 0, nCharEdges = 0, fade = FALSE,
+ optimizeLatRes = TRUE, edge.width = 0.2,
+ edge.color = "black", label.scale = FALSE,
+ label.cex = 1.2, theme = 'gray', asize = 6.0,
+ node.width = 1.0)
```

10.3 モデルの修正

　前述のように，構造方程式モデリングでは，分析者の裁量でモデルを修正することができます。最初からデータがモデルに適合することは珍しく，適合度が低い場合には，何度もモデルを修正して，再分析を行うことになります。ここでは，図 10.2 のパス図に対して，「学生対応は授業の理解度を向上させる」という関係性を仮定し，モデルを修正してみます。

　どの変数からどのようなパスを仮定すれば適合度が改善されるかを機械的に算出したい場合は，modificationindices 関数を用いて，修正指標を計算したいモデル（fit.RM）を指定します。分析結果の中で特に注目するのは，**修正指標**（mi）と**改善度**（epc）です。この 2 つの値が高いパスを 1 つずつ選択し，モデルに加え，適合度を何度も分析し直すことになります（平井，2017）。

---

[8]　一学期時点で英語力が高ければ，成長の度合いは低いとも解釈できます。そして，その学習者が成長できなかったのではなく，そのテストで高い英語力を測りきれなかったと考えるのが妥当だと思われます。

```
> # モデルの修正指標
> modificationindices(fit.RM)
        lhs op    rhs    mi    epc sepc.lv sepc.all sepc.nox
8   学生対応 ~~    説明 0.000  0.000   0.000       NA    0.000
9     説明 ~~    説明 0.000  0.000   0.000    0.000    0.000
10  興味関心 ~~   理解度 0.097  1.834   1.834    3.158    3.158
11  興味関心 ~    理解度 0.097  4.216   4.216    3.722    3.722
12   理解度 ~  学生対応 0.097  0.014   0.014    0.018    0.016
13  学生対応 ~  興味関心 0.000  0.000   0.000    0.000    0.000
14  学生対応 ~   理解度 0.074  0.026   0.026    0.021    0.021
15  学生対応 ~    説明 0.000  0.000   0.000    0.000    0.000
16    説明 ~  興味関心 0.000  0.000   0.000    0.000    0.000
17    説明 ~   理解度 0.073 -0.078  -0.078   -0.062   -0.062
18    説明 ~  学生対応 0.000  0.000   0.000    0.000    0.000
```

　学生対応が授業の理解度を向上させるという仮定は，「理解度　~　学生対応」の回帰式で表されます。これを見ると，修正指標の値が他と比べて高いものの（0.097），改善度は高いという訳ではありませんでした（0.014）。一方，モデルの改善に貢献するのは，「興味関心と理解度の相関（興味関心　~~　理解度）」と「理解度は興味関心を向上させる（興味関心　~　理解度）」の2つの関係性のようです。これらが理論的に仮定できるパスであるかを十分に検討した上で，それぞれをモデルに追加することが大切です（小杉・清水，2014）。

10.4 lavaanパッケージのエラーメッセージ

　構造方程式モデリングは，分析者が自由にモデルを作成できるものの，計算結果を得られずにエラーで終わることもよくあります。ここでは，lavaanパッケージで構造方程式モデリングを行う際によく遭遇するエラーメッセージを紹介します。以下のようなエラーが出た場合，たとえ結果が表示されたとしても，その結果を信用することは推奨されません。

　まず，lavaan WARNING: model has NOT converged というエラーメッセージは，計算結果が得られなかったことを意味します。モデルに十分な変数が含まれていない，サンプルサイズが小さすぎるといった場合に起こり得ます。その場合は，モデルを書き換えたり，サンプルサイズを大きくしたりする必要があります。

　また，lavaan WARNING: some estimated or variances are negative というエラーメッセージは，理論的におかしな結果が得られたことを意味します。具体的には，理論的には正の値になるはずの分散の推定値の中に負の値になってしまったものがあることを指摘しています。その場合も，先ほどと同様に，モデルを書き換えたり，サンプルサイズを大きくしたりする必要があります。

表 10.1　本章で使用した semPaths 関数の引数

引数	説明
what whatLabels	表示するパス係数の種類を指定。path（係数を表示しない）；est（非標準化パス係数）；std（標準化パス係数）
style	残差の表示方法を指定。ram（ram モデルを使用）；lisrel（lisrel モデルを使用）
layout	パス図のレイアウトを指定。tree；circle；spring
intercepts	パス図に切片を表示するか（TRUE）否か（FALSE）を指定。
rotation	パス図を回転（1, 2, 3, 4）。
curve	双方向矢印の曲線の曲がり具合を指定。
nCharNodes	変数名を指定の数値で省略（0 なら省略しない）。
nCharEdges	パス係数を指定の数値で省略（0 なら省略しない）。
sizeMan	観測変数の四角形の幅を数値で指定。
sizeLat	潜在変数の楕円形の幅を数値で指定。
sizeMan2	観測変数の四角形の高さを数値で指定。
sizeLat2	潜在変数の楕円形の高さを数値で指定。
edge.color	矢印の色を指定。
bifactor	指定した変数でパス図を整形。
edge.width	矢印の幅を数値で指定。
asize	矢印の大きさを数値で指定。
edge.label.cex	パス係数のフォントサイズを数値で指定。
label.cex	変数名のフォントサイズを数値で指定。
label.scale	変数名のフォントサイズを図形の大きさに応じて拡大・縮小するか（TRUE）否か（FALSE）を指定。

10

COLUMN 潜在ランク理論
──100 点満点のテスト結果を 5 段階評価に変換したい──

　テストは，1 点刻みの 100 点満点で行われることが多いです。しかし，多くのテストは，1 点や 2 点の違いで受験者の能力を区別できるほど精密ではありません。そこで，受験者の能力を段階的に評価しようとするのが Shojima（2007）の**潜在ランク理論**です [9]。

　ここでは，Comprehension（50 点），Vocabulary（25 点），Grammar（25 点）の 3 セクションからなる英語テストの結果を用いて，受験者の能力を段階評価します。まずは，本書付属データに含まれている data_ch10-6.csv を R に読み込みます。未受験者（NA）がいる場合は，na.omit 関数で除外する必要があります。各セクションで満点が異なるため，素点を偏差値（2章）に換算します。

```
> # CSV ファイルの読み込み（ヘッダーがある場合）
> # data_ch10-6.csv を選択
> dat <- read.csv(file.choose(), header = TRUE)
> # 未受験者（NA）を削除
> dat <- na.omit(dat)
> # 素点を偏差値に換算
> dat <- scale(dat[, -1]) * 10 + 50
> # 読み込んだデータの冒頭の確認
> head(dat)
  Comprehension Vocabulary  Grammar
1      32.47602   29.57955 48.07435
2      32.47602   32.23731 36.79122
  （省略）
```

　潜在ランク理論による分析を行うためのパッケージはありません。ここでは，清水裕士氏が作成したコードを利用します。まず，清水裕士氏のウェブサイト [10] にあるコードを .txt ファイルとして保存してください。そして，R のメニューバーの「ファイル」から「R コードのソースを読み込み」（Mac版の R では「ソースを読み込む」）を選び，保存したファイルを読み込みます。

---

[9]　潜在ランク理論は，ニューラルテスト理論とも呼ばれます。Microsoft Excel で潜在ランク理論を行うためのプログラムも，荘島宏二郎氏のウェブサイトに公開されています（http://www.rd.dnc.ac.jp/~shojima/exmk/index.htm）。

[10]　https://norimune.net/2293

```
> # 関数の定義 (コードは自動で読み込まれます)
> source("C:/.../filename.txt")
```

　潜在ランク理論では，受験者の能力を何段階（ランク）に分けるかをあらかじめ決めます。一般的には，情報量規準（AIC，BIC，SBIC）が一番低くなるランク数を採用します[11]。以下のコードを実行すると，ランク2からランク6までの情報量規準が表示されます。どの指標を見るかにもよりますが，ランク5が統計的な観点からよさそうであると判断できます。

```
> # 最適なランクを探索
> for(i in 2 : 6){
+   print(i)
+   r.LRT <- LRA(dat, i)
+   AIC(r.LRT)
+ }
[1] 2
          AIC      BIC      SBIC
[1,] 6497.401 6545.55 6504.322
[1] 3
          AIC      BIC      SBIC
[1,] 6397.786 6471.861 6408.433
[1] 4
          AIC      BIC      SBIC
[1,] 6348.807 6448.809 6363.181
[1] 5
          AIC      BIC      SBIC
[1,] 6338.964 6464.893 6357.065
[1] 6
          AIC      BIC      SBIC
[1,] 6354.14 6505.995 6375.968
```

　それでは，LRA 関数のランク数に 5 を指定して，5 段階で能力を区別したときの結果を見てみましょう。分析結果の概要は，summary 関数で確認します。

```
> # 分析結果の確認
> r.LRT <- LRA(dat, 5)
```

---

[11]　実務的な観点などから何段階にランク分けするかがあらかじめ決まっている場合は，LRA(dat，ランク数) を使用します（ランク数には任意の数字が入ります）。

```
> summary(r.LRT)

Latent frequencies:
rank 1 rank 2 rank 3 rank 4 rank 5
60.572 79.503 71.934 57.439 30.551

Means:
       Comprehension Vocabulary Grammar
rank 1        37.446     36.195  41.480
rank 2        47.983     45.437  49.208
rank 3        49.658     54.805  49.119
rank 4        58.223     57.267  54.329
rank 5        65.419     64.208  62.806

Rank correlations:
Comprehension    Vocabulary      Grammar
       0.819         0.894        0.555
```

　分析結果にある Means（各ランクの平均値）を見ると，どのランク帯に対して，どのような指導が必要なのかがわかります。たとえば，ランク2の受験者がランク3に上がるためには，Vocabulary の向上が必要です。ランク1の受験者には補習が必要でしょう。実務的には，補習対象者のリストアップに恣意的なカットオフポイント（たとえば，40点以下など）を使うこともありますが，どのような特徴を持つ受験者が低ランクに分類されたかを把握することも大切です[†12]。

　どの受験者がどのランクに分類されたか（ランクメンバーシッププロファイル）は，以下のように確認できます。

```
> # ランクメンバーシッププロファイルの確認
> r.LRT$rank
[1] 1 1 4 2 4 2 4 3 2 1
  （省略）
> # ランクメンバーシッププロファイルの可視化
> par(mfrow = c(1, 2))
> plot(r.LRT$res[1, ], type = "b", xlab = "Rank")
> plot(r.LRT$res[9, ], type = "b", xlab = "Rank")
```

[†12]　なお，Latent frequencies は，何名の受験者がどのランクに分類されたかを示しています。また，Rank correlations は，ランク数とテスト得点間の相関係数です。

　上記の実行結果を見ると，たとえば，1人めがランク1，9人めはランク2に分類されています。そして，plot関数を使えば，ランクメンバーシッププロファイルを可視化できます。**図10.7**は，その結果です。この図を見ると，1人めは，100%の確率でランク1です。また，9人めは，約60%の確率でランク2であるものの，ランク1の確率も約30%であることがわかります。

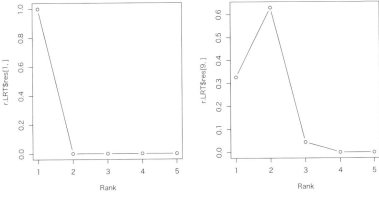

図10.7　ランクメンバーシッププロファイル

11章

クラスター分析
──同じような特徴を持つ学習者をグループ化したい──

　本章では，同じような特徴を持つ学習者をいくつかのグループに分けるための手法を紹介します。具体的には，個人差の分析で用いられることが多いクラスター分析を扱います。

11.1 クラスター分析の考え方

　同じクラスの学習者であったとしても，個々の学習者の長所・短所，学習の動機などは異なります。たとえば，国語・英語・社会・数学・理科の5科目の平均点が同程度であったとしても，いわゆる文系科目（国語・英語・社会）を得意とする学習者もいれば，理系科目（数学・理科）に秀でた学習者もいるでしょう。もちろん，文系科目と理系科目で同程度の点数をとる学習者もいるかもしれません。そして，学習者ごとに得意科目・不得意科目が異なるとすれば，クラス全員に同じ教育を行うことは必ずしも得策ではありません。

　そこで本章では，同じような特徴を持つ学習者をいくつかのグループに分けるための手法を紹介します。統計学では，同じような特徴を持つ個体をいくつかのグループに分けることを**クラスタリング**と言います。教育学の分野では，クラスタリングは，個人差の分析などで用いられることが多い手法です。クラスタリングにもさまざまな方法がありますが，本章では，最も代表的な方法の1つである**クラスター分析**を扱います。

11.2 分析データ

　ここでは，**表11.1**のようなデータを例として考えます。この表は，20名の学習者（S001 ～ S020）の国語（Kokugo），英語（Eigo），社会（Syakai），数学

（Sugaku），理科（Rika）の点数をまとめたものです。

表 11.1　20 名の学習者の 5 科目の点数

	Kokugo	Eigo	Syakai	Sugaku	Rika
S001	85	92	80	70	74
S002	54	60	69	99	80
S003	94	76	71	64	63
S004	76	95	80	68	61
S005	63	68	59	82	97
…	…	…	…	…	…
S020	67	55	60	89	87

　まずは，この成績データ（本書付属データに含まれている data_ch11-1.csv）を R に読み込んで，データの概要を確認します。

```
> # CSVファイルの読み込み（ヘッダーと列名がある場合）
> # data_ch11-1.csvを選択
> dat <- read.csv(file.choose(), header = TRUE, row.names = 1)
> # 読み込んだデータの冒頭の確認
> head(dat)
     Kokugo Eigo Syakai Sugaku Rika
S001     85   92     80     70   74
S002     54   60     69     99   80
S003     94   76     71     64   63
S004     76   95     80     68   61
S005     63   68     59     82   97
S006     72   78     70     95   93
> # 行数と列数の確認
> dim(dat)
[1] 20  5
```

　続いて，各科目の平均点（＝列平均）と各学習者の平均点（＝行平均）を計算します。R で列平均を求めるには colMeans 関数を用い，行平均を求めるには rowMeans 関数を用います。

```
> # 各科目の平均点（＝列平均）を計算
> colMeans(dat)
Kokugo    Eigo  Syakai  Sugaku    Rika
 73.20   76.60   70.45   77.20   75.95
```

11

```
> # 各学習者の平均点（＝行平均）を計算
> rowMeans(dat)
S001  S002  S003  S004  S005  S006  S007
80.2  72.4  73.6  76.0  73.8  81.6  74.0
S008  S009  S010  S011  S012  S013  S014
75.0  79.8  73.8  74.2  73.0  76.4  72.2
S015  S016  S017  S018  S019  S020
73.8  70.4  73.4  74.4  74.0  71.6
```

　上記の実行結果を見ると，国語の平均点が 73.20 点，英語の平均点が 76.60 点，社会の平均点が 70.45 点，数学の平均点が 77.20 点，理科の平均点が 75.95 点であることがわかります。また，S001 の学習者の 5 科目平均点が 80.2 点，S002 の学習者の 5 科目平均点が 72.4 点など，個々の学習者のデータを把握することもできます。

11.3 階層型クラスター分析

　クラスター分析には，大きく分けて，**階層型クラスター分析**と**非階層型クラスター分析**の 2 種類があります。そこで，最初に本節で階層型クラスター分析を説明し，次節で非階層型クラスター分析について説明します。

　階層型クラスター分析には複数の方法が存在しますが，いずれも以下のようなステップで実行されます。

① 　個々のデータ間の距離（非類似度）を計算する
② 　個々のデータのうち，類似しているもの同士を結合してクラスター（グループ）を作成する
③ 　結合した結果を樹形図（デンドログラム）の形式で可視化する

　なお，上記の①における距離の計算方法と，②におけるクラスターの作成方法にもさまざまなものがあります[†1]。しかし，個人差の分析では，**Euclid 距離**という距離の計算方法，**Ward 法**というクラスターの作成方法が一般的に用いられています（前田・山森，2004）。

[†1] 　データ間の距離の計算方法やクラスターの作成方法の詳細については，クラスター分析の専門書（e.g., Anderberg, 1973）などを参照。

　まず，R でデータから Euclid 距離を計算する場合は，dist 関数を使います。なお，距離はデータ間の非類似度であるため，計算された値が小さいほど，データ（ここでは，個々の学習者による5科目の点数）が似ていることを表しています。

```
> # Euclid距離の計算
> dat.d <- dist(dat)
> # Euclid距離の計算結果の確認
> dat.d
            S001          S002          S003
S002   54.616847
S003   23.979158    58.086143
S004   16.217275    56.142675    28.035692
   （省略）
```

　次に，計算された距離に基づいてクラスターを作成するには，hclust 関数を使います。その際，引数 method で "ward.D2" を指定すると，Ward 法を選択することができます。また，hclust 関数の実行結果を確認すると，分析に用いたクラスターの作成方法（Cluster method），距離の計算方法（Distance），データの数（Number of objects）が表示されます。

```
> # Ward法によるクラスターの作成
> dat.hc <- hclust(dat.d, method = "ward.D2")
> dat.hc

Call:
hclust(d = dat.d, method = "ward.D2")

Cluster method   : ward.D2
Distance         : euclidean
Number of objects: 20
```

　そして，結合した結果を**樹形図**の形式で可視化するには，plot 関数を使います[†2]。

---

†2　樹形図のタイトルを変更したい場合は，plot(dat.hc, main = "Classification of Students") のように，引数 main で指定することができます。

```
> # 樹形図による可視化
> plot(dat.hc)
```

　上記のコードを実行すると，**図 11.1** のような樹形図が表示されます。樹形図では，図の下のほうで結合されているデータ同士がよく似ていて，図の上のほうで結合されているデータはあまり似ていないことが示されています。たとえば，図 11.1 で一番左に位置している S002 の学習者と S010 の学習者は 5 科目の点数のとり方がよく似ている一方，S002 や S010 の学習者と，図中で右側に位置している S011 や S012 の学習者はあまり似ていないということになります。

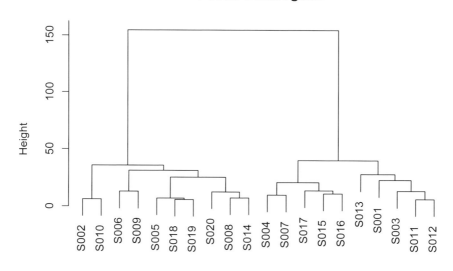

図 11.1　樹形図による学習者のクラスタリング結果の可視化

　なお，データにいくつのクラスターが存在するかは，分析者自身が判断しなければなりません。クラスター数を判断するための絶対的な基準は存在しませんが，1 つの方法として，「横線が長くなるところ」をクラスターの分かれ目とみ

なすことができます[†3]。つまり，図 11.1 で言えば，図の一番上の横線が他の横線と比べて明らかに長いため，「左側の 10 名の学生」と「右側の 10 名の学生」という 2 つのクラスターが存在すると判断することができます。言い換えれば，20 名の学生の中には，2 つのタイプの学生が存在するということです。

なお，plot 関数の引数 hang で -1 を指定すると，樹形図における個々のデータが一番下にそろえて配置されます。**図 11.2** は，plot 関数の引数 hang で -1 を指定した結果です。

```
> # 樹形図における個々のデータを一番下にそろえて配置
> plot(dat.hc, hang = -1)
```

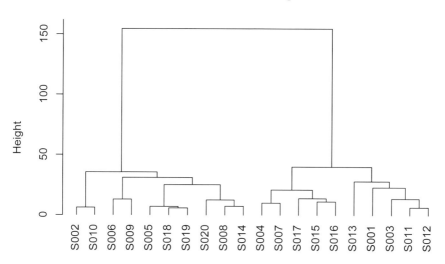

図 11.2　樹形図による学習者のクラスタリング結果の可視化（個々のデータを一番下にそろえて配置）

また，cutree 関数を用いて，引数 k でクラスター数を指定することで，個々

[†3]　クラスター分析では，結合するもの同士の性質が異なるほど，結合距離が大きくなります。そして，結合距離が大きくなるほど，樹形図における横線が長くなります（前田・山森，2004）。

のデータがどのクラスターに含まれているかを確認することが可能です。以下の例で言うと，S001 や S003 の学習者などが 1 というクラスターに含まれていて，S002 や S005 の学習者などが 2 という別のクラスターに含まれていることが示されています。

```
> # 個々のデータが含まれるクラスターの確認（クラスター数が2の場合）
> cutree(dat.hc, k = 2)
S001 S002 S003 S004 S005 S006 S007
   1    2    1    1    2    2    1
S008 S009 S010 S011 S012 S013 S014
   2    2    2    1    1    1    2
S015 S016 S017 S018 S019 S020
   1    1    1    2    2    2
```

　そして，rect.hclust 関数を用いて，引数 k でクラスター数を指定することで，樹形図におけるクラスターを四角形で囲むことができます（**図 11.3**）。

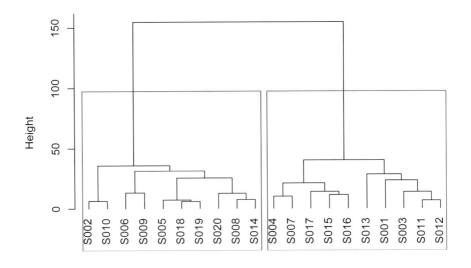

図 11.3　クラスターを四角形で囲んだ樹形図

```
> # 樹形図による可視化
> plot(dat.hc, hang = -1)
> # 樹形図におけるクラスターを囲む四角形を表示（クラスター数が2の場合）
> rect.hclust(dat.hc, k = 2)
```

さらに，やや発展的な方法ではありますが，**ヒートマップ**という手法をクラスター分析と組み合わせると，個々のクラスターに含まれるデータのパターンを視覚的に把握しやすくなります。Rでヒートマップつきの樹形図を描く関数は複数存在しますが，ここでは heatmap 関数を用います。この関数を実行する際は，as.matrix 関数を用いて，分析データの形式をデータフレームから行列に変換する必要があります。**図 11.4** は，heatmap 関数でヒートマップつきの樹形図を描いた結果です。ヒートマップの作成にあたっては，引数 cexCol で列ラベルのフォントの大きさを指定し，引数 hclustfun でクラスターの作成方法（Ward法）を指定しています。

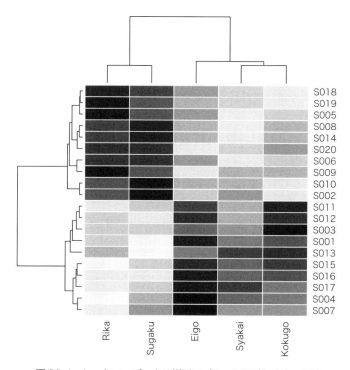

図 11.4 ヒートマップつきの樹形図（Euclid 距離，Ward 法）

```
> # 分析データの形式を確認
> class(dat)
[1] "data.frame"
> # 分析データを行列に変換
> dat.2 <- as.matrix(dat)
> # 分析データの形式を再確認
> class(dat.2)
[1] "matrix"  "array"
> # ヒートマップつきの樹形図の作成（Euclid距離，Ward法）
> heatmap(dat.2, cexCol = 1.0,
+ hclustfun = function(x){hclust(x, method = "ward.D2")})
```

　図 11.4 には，20 名の学生のクラスタリング結果だけでなく，5 科目のクラスタリング結果も示されています[4]。5 科目のクラスタリング結果を見ると，文系科目（国語・英語・社会）と理系科目（数学・理科）の 2 つのクラスターが存在しているようです。そして，図の中央部分がヒートマップで，色の濃淡で数値の大小を表現しています。今回のデータの場合は，低い点数を薄い色で，高い点数を濃い色で表しています。したがって，図の上半分の学生（S018 や S019 など）は理系科目の点数が高く，下半分の学生（S011 や S012 など）は文系科目の点数が高いことがわかります。このように，ヒートマップつきの樹形図は，個々の学生の点数に関する情報を照合しながら解析結果を解釈できるため，非常に強力な可視化の手法です[5]。

11.4 非階層型クラスター分析

　前節では，階層型クラスター分析を説明しました。階層型クラスター分析は，クラスタリング結果を樹形図の形式で可視化できるため，非常に便利な手法です。しかし，階層型クラスター分析は，データ数が多いと計算量が膨大になり，大規模なデータ解析には向いていません。また，樹形図に含まれるデータの数が多過ぎると，人間の目で結果を解釈するのが難しくなります。そこで，大量のデータをクラスタリングする場合は，非階層型クラスター分析が用いられます。

[4]　図 11.4 における 20 名の学生のクラスタリング結果は，図中の並び方に一部違いがありますが，図 11.2 や図 11.3 におけるクラスタリング結果と本質的に同じものです。
[5]　gplots パッケージの heatmap.2 関数を用いると，ヒートマップ上に個々のデータの値を表示することができます（Kobayashi, 2016）。

　非階層型クラスター分析にもさまざまな手法がありますが，ここでは，最も代表的な手法である **k-means法**を紹介します。k-means法の主な手順は，以下のとおりです[6]。

① 最初にクラスター数を指定し，k個のクラスターの中心（の初期値）を乱数で決める

② すべてのデータからk個のクラスターの中心までの距離を計算し，最も近いクラスターに個々のデータを振り分ける

③ 新たに形成されたクラスターの中心を計算する

④ クラスターの中心が変化しなくなるまで，上記の②と③を繰り返す

　Rでk-means法を実行するには，kmeans関数を使います。この関数を使う場合は，引数 center でクラスターの数をあらかじめ指定する必要があります。ここでは，「文系科目が得意な学習者」と「理系科目が得意な学習者」による2つのグループが存在すると仮定し，クラスター数を2とします。また，k-means法ではクラスターの中心（の初期値）を乱数で決めるため，以下の例では，set.seed関数で乱数の種を固定しています。

```
> # 乱数の種を固定
> set.seed(1)
> # k-means法（クラスター数は2）
> dat.km <- kmeans(dat, center = 2)
```

　k-means法によるクラスタリング結果は，dat.km$cluster で確認することができます。

```
> # k-means法によるクラスタリング結果の確認
> dat.km$cluster
S001  S002  S003  S004  S005  S006  S007
   1     2     1     1     2     2     1
S008  S009  S010  S011  S012  S013  S014
   2     2     2     1     1     1     2
```

---

[6] k-means法の具体的な計算方法にはさまざまなものが存在しますが，一般的に最もよい結果を出すと言われているのは Hartigan-Wong 法です（新納，2007）。したがって，本書でも，Hartigan-Wong 法を用います。

```
S015   S016   S017   S018   S019   S020
   1      1      1      2      2      2
```

　上記の実行結果を見ると，S001 や S003 の学習者などが 1 というクラスター
に含まれていて，S002 や S005 の学習者などが 2 というクラスターに含まれて
いることがわかります。

　k-means 法によるクラスタリング結果を可視化する場合は，cluster パッ
ケージ[7] の clusplot 関数を使います[8]。

```
> # パッケージの読み込み
> library("cluster")
> # k-means法によるクラスタリング結果の可視化
> clusplot(dat, dat.km$cluster)
```

　図 11.5 は，上記のコードの実行結果です。この図を見ると，2 つのクラスター
が可視化されています。

　そして，図中の○や△が具体的にどの学習者を表しているのかを知りたい場合
は，clusplot 関数の引数 labels で 2 を指定します。**図 11.6** は，個々の学習
者の ID を表示した結果です。

```
> # k-means法によるクラスタリング結果の可視化（個々の学習者のIDを表示）
> clusplot(dat, dat.km$cluster, labels = 2)
```

　前述のように，k-means 法では，クラスターの数をあらかじめ指定する必要
があります。しかしながら，クラスター数を理論的，あるいは経験的に仮定でき
ない場合があることも事実です。そのような場合は，最適なクラスター数を統計
的に推定するための統計指標を参考にします。たとえば，**Gap 統計量**は，さま
ざまなクラスター数を試し，クラスター内で個々のデータが密集している度合い
を比較することで，最適なクラスター数を推定するための指標です（Tibshirani,
Walther, & Hastie, 2001）。R では，cluster パッケージの clusGap 関数を使っ
て，Gap 統計量を計算することが可能です。なお，clusGap 関数を実行する際

---

†7　https://CRAN.R-project.org/package=cluster
†8　このタイトルを変更したい場合は，clusplot(dat, dat.km$cluster, main =
　　 "k-means") のように，引数 main で指定することができます。

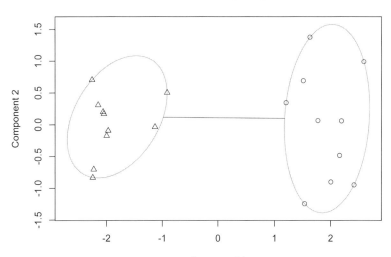

図 11.5　k-means 法によるクラスタリング結果の可視化

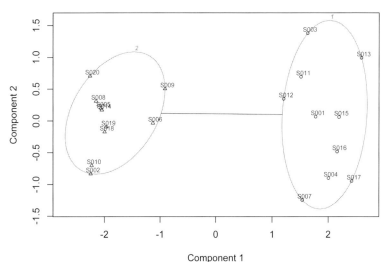

図 11.6　k-means 法によるクラスタリング結果の可視化（個々の学習者の ID を表示）

は，引数 K.max で，いくつのクラスターまでの Gap 統計量を計算するかを指定します。

```
> # Gap統計量の計算
> set.seed(1)
> dat.Gap <- clusGap(dat, kmeans, K.max = 5)
Clustering k = 1,2,..., K.max (= 5): .. done
Bootstrapping, b = 1,2,..., B (= 100)  [one "." per sample]:
.............................................. 50
.............................................. 100
> # 計算されたGap統計量の確認
> dat.Gap
Clustering Gap statistic ["clusGap"] from call:
clusGap(x = dat, FUNcluster = kmeans, K.max = 5)
B=100 simulated reference sets, k = 1..5; spaceH0="scaledPCA"
 --> Number of clusters (method 'firstSEmax', SE.factor=1): 2
        logW    E.logW        gap       SE.sim
[1,] 5.157829 4.929641 -0.22818770 0.06221962
[2,] 4.460194 4.586987  0.12679330 0.05167384
[3,] 4.307199 4.421919  0.11471922 0.05583342
[4,] 4.198610 4.267757  0.06914638 0.05672929
[5,] 3.985888 4.134093  0.14820484 0.06046819
```

上記の実行結果で注目するべき点は，dat.Gap の中にある gap の値（Gap 統計量）です。**図 11.7** は，plot 関数を用いて，gap の値とクラスター数の関係を可視化したものです。

```
> # Gap統計量とクラスター数の関係の可視化
> plot(dat.Gap)
```

図 11.7 を見ると，クラスター数（k）が 2 のときに Gap 統計量の値が最も大きく上昇し，それ以降は平行に近い推移を示していることから，最適なクラスター数が 2 であると判断できます[†9]。このように，クラスター数は，最終的にはデータ分析者が判断すべきものです。統計指標は，あくまでデータ分析者の判断を支援するものに過ぎません。

---

†9　クラスター数が 5 の場合，2 の場合よりも Gap 統計量が大きくなっています。しかし，その差は非常に小さいものであるため，ここでは，よりシンプルな（想定するクラスター数の少ない）結果を採択します。

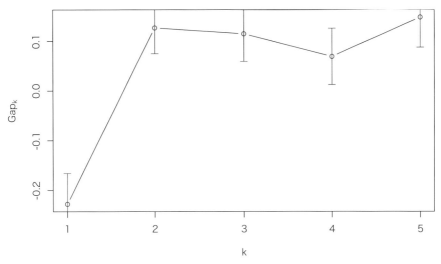

clusGap(x = dat, FUNcluster = kmeans, K.max = 5)

図 11.7　Gap 統計量とクラスター数の関係の可視化

　ここまで本章では，同じような特徴を持つ学習者をいくつかのグループに分けるための手法について学んできました。いずれの手法を用いる場合でも，統計的なクラスタリング結果を盲目的に信じるのではなく，統計処理から得られた結果が理論的・経験的に妥当なものであるかをよく検討してください。

COLUMN **決定木分析**
　——合格者と不合格者を分けるルールを知りたい——

　複数科目からなるテストの結果から，合格者と不合格者を効率的に分けるルールを知りたいことがあるかもしれません。そのようなニーズに応える手法の 1 つとして，**決定木分析**があります。決定木分析は，回帰分析（8 章）と同様に，予測変数と結果変数との関係をモデル化する手法です[10]。

　ここでは，英語の 4 技能（Listening, Reading, Writing, Speaking）のテスト結果を用いて，合格者と不合格者を分けるルールを抽出します。テストの受験者は 100 名です。まずは，このデータ（本書付属データに含まれてい

---

[10]　決定木分析や回帰分析の主な目的は，予測変数を用いて結果変数を「予測」することです。しかし，予測変数と結果変数の関係を数学的に「記述」することを目的とする場合もあります。このコラムでは点数という量的変数を用いていますが，性別のような質的変数を用いることもできます（金，2017）。

る data_ch11-2.csv）を R に読み込みます。

```
> # CSV ファイルの読み込み（ヘッダーがある場合）
> # data_ch11-2.csv を選択
> dat <- read.csv(file.choose(), header = TRUE)
> # 読み込んだデータの冒頭の確認
> head(dat)
  Listening Reading Writing Speaking Grade
1        62      88      61       79  pass
2        67      60      90       67  pass
3        73      57      79       47  pass
4        72      54      57       78  fail
5        69      67      78       81  pass
6        91      66      60       65  pass
> # 読み込んだデータ（全体）の概要の確認
> summary(dat)
   Listening        Reading         Writing
 Min.   :52.00   Min.   :50.00   Min.   :56.00
 1st Qu.:59.00   1st Qu.:60.00   1st Qu.:62.75
 Median :67.00   Median :68.00   Median :70.00
 Mean   :68.03   Mean   :69.74   Mean   :70.92
 3rd Qu.:73.00   3rd Qu.:74.50   3rd Qu.:77.25
 Max.   :99.00   Max.   :96.00   Max.   :90.00
    Speaking         Grade
 Min.   :40.00   Length:100
 1st Qu.:49.75   Class :character
 Median :62.50   Mode  :character
 Mean   :62.22
 3rd Qu.:73.25
 Max.   :85.00
```

　上記のように，summary 関数で読み込んだデータ（全体）の概要を確認すると，4 技能それぞれの記述統計量が表示されます。また，分析データの Grade の列を table 関数で集計すると，テストの合格者（pass）が 80 名，不合格者（fail）が 20 名含まれているとわかります。

```
> # テストの合格者数と不合格者数を確認
> table(dat$Grade)

fail pass
  20   80
```

COLUMN　決定木分析

それでは、このデータを用いて、決定木分析を行ってみましょう。Rで決定木分析を行う方法は種類がありますが、ここでは、rpartパッケージのrpart関数を使います[11]。

```
> # パッケージの読み込み
> library("rpart")
> # 決定木分析（Gradeを結果変数、それ以外を予測変数として投入）
> rpart.result <- rpart(Grade ~ ., data = dat)
> # 分析結果の確認
> rpart.result
n= 100

node), split, n, loss, yval, (yprob)
      * denotes terminal node

1) root 100 20 pass (0.2000000 0.8000000)
  2) Reading< 61.5 28 13 fail (0.5357142 0.4642857)
    4) Writing< 75.5 16  1 fail (0.9375000 0.0625000) *
    5) Writing>=75.5 12  0 pass (0.0000000 1.0000000) *
  3) Reading>=61.5 72  5 pass (0.0694444 0.9305556) *
```

上記の分析結果を見ると、ReadingとWritingが分岐条件とその合格者を分ける重要な要因であることが示されています。このような文章と数値だけから分析の結果を読み取るのは少々大変ですが、分析結果を可視化すると理解が進むこともあります。そこで、ここではpartykitパッケージ[12]のplot関数とas.party関数を用いて、決定木を可視化します。図11.8は、その結果になります。

```
> # パッケージのインストール（初回のみ）
> install.packages("partykit", dependencies = TRUE)
> # パッケージの読み込み
> library("partykit")
> # 決定木の可視化
> plot(as.party(rpart.result))
```

11 rpartパッケージは、最初からRにインストールされています。
12 https://CRAN.R-project.org/package=partykit

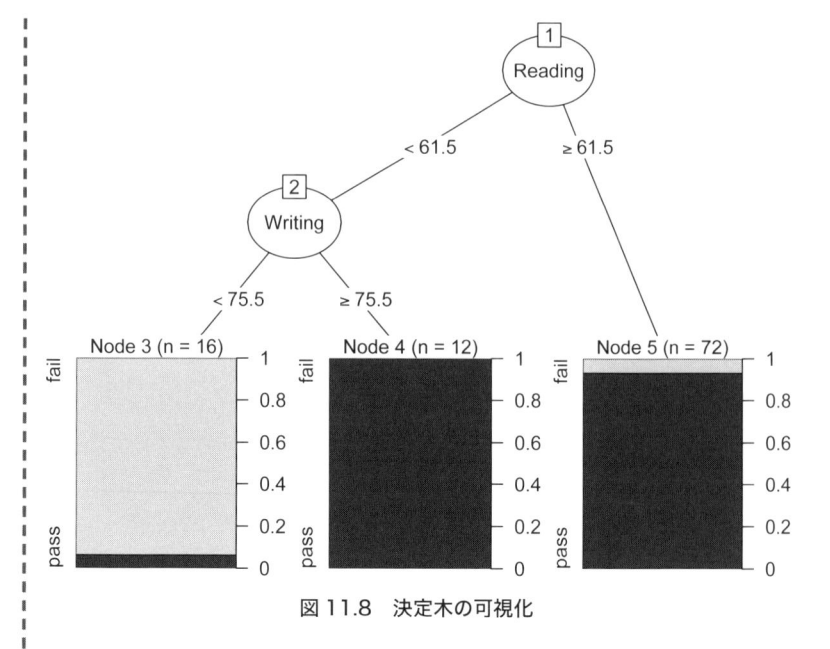

図 11.8　決定木の可視化

　図 11.8 を見ると，Reading が 61.5 点以上だと合格者である割合が非常に大きいようです。また，Reading が 61.5 点未満でも，Writing が 75.5 点以上の場合は合格しています。そして，Reading が 61.5 点未満で Writing が 75.5 点未満の場合は，不合格者である割合が非常に大きいことがわかります[†13]。

[†13] 決定木分析で抽出されたルールに Reading と Writing しか含まれていないからといって，他の技能（Listening, Speaking）が合格判定にまったく影響していないとは限りません。より厳密な分析を行う場合は，層別分析（3 章）や t 検定（4 章）などの結果も確認するとよいでしょう。

参考文献

日本語文献

R サポーターズ（2017）.『パーフェクト R』東京：技術評論社.

浅野正彦・中村公亮（2018）.『はじめての RStudio―エラーメッセージなんかこわくない』東京：オーム社.

奥村晴彦（2008）.「2 段階 t 検定の是非」https://oku.edu.mie-u.ac.jp/~okumura/blog/node/2262

尾崎幸謙・川端一光・山田剛史（2018）.『R で学ぶマルチレベルモデル［入門編］―基本モデルの考え方と分析』東京：朝倉書店.

尾崎幸謙・川端一光・山田剛史（2019）.『R で学ぶマルチレベルモデル［実践編］―Mplus による発展的分析』東京：朝倉書店.

加藤健太郎・山田剛史・川端一光（2014）.『R による項目反応理論』東京：オーム社.

金明哲（2017）.『R によるデータサイエンス―データ解析の基礎から最新手法まで　第 2 版』東京：森北出版.

小杉考司・清水裕士（2014）.『M-plus と R による構造方程式モデリング入門』京都：北大路書房.

小林雄一郎（2017）.『R によるやさしいテキストマイニング』東京：オーム社,

小林雄一郎（2018）.『R によるやさしいテキストマイニング［活用事例編]』東京：オーム社.

清水裕士（2014）.『個人と集団のマルチレベル分析』京都：ナカニシヤ出版.

新納浩幸（2007）.『R で学ぶクラスタ解析』東京：オーム社.

東京大学教養学部統計学教室（1991）.『統計学入門』東京：東京大学出版会.

豊田秀樹（1991）.「共分散構造分析の下位モデルとその適用例」『教育心理学研究』*39*, 467-478.

豊田秀樹（編）（2012a）.『回帰分析入門―R で学ぶ最新データ解析』東京：東京図書.

豊田秀樹（編）（2012b）.『因子分析入門―R で学ぶ最新データ解析』東京：東京図書.

豊田秀樹（2012c）.『項目反応理論［入門編］　第 2 版』東京：朝倉書店.

豊田秀樹（編）（2014）.『共分散構造分析［R 編］―構造方程式モデリング』東京：東京図書.

前田啓朗（2008）.「WBT を援用した授業で成功した学習者・成功しなかった学習者」

Annual Review of English Language Education in Japan, 19, 253-262.

前田啓朗・山森光陽（編）（2004）．『英語教師のための教育データ分析入門—授業が変わるテスト・評価・研究』東京：大修館書店．

南風原朝和（2002a）．『心理統計学の基礎—統合的理解のために』東京：有斐閣．

南風原朝和（2002b）．「モデル適合度の目標適合度—観測変数の数を減らすことの是非を中心に」『行動計量学』*29*, 160-166.

平井明代（編）（2017）．『教育・心理系研究のためのデータ分析入門 第2版』東京：東京図書．

星野崇宏・岡田謙介・前田忠彦（2005）．「構造方程式モデリングにおける適合度指標とモデル改善について—展望とシミュレーション研究による新たな知見」『行動計量学』*32*, 209-235.

水本篤・竹内理（2011）．「効果量と検定力分析入門—統計的検定を正しく使うために」『より良い外国語教育のための方法—外国語教育メディア学会（LET）関西支部メソドロジー研究部会2010年度報告論集』47-73.

光永悠彦（2017）．『テストは何を測るのか—項目反応理論の考え方』京都：ナカニシヤ出版．

三中信宏（2015）．『みなか先生といっしょに統計学の王国を歩いてみよう—情報の海と推論の山を越える翼をアナタに！』東京：羊土社．

英語文献

American Psychological Association. (2020). *Publication manual of the American Psychological Association* (7th ed.). Washington, DC: The Author.

Anderberg, M. R. (1973). *Cluster analysis for application.* New York: Academic Press.

Burnham, K. P., & Anderson, D. R. (2004). Multimodel inference: Understanding AIC and BIC in model selection. *Sociological Methods & Research, 33*, 261–304.

Cohen, J. (1988). *Statistical power analysis for the behavioral sciences* (2nd ed.). Hillsdale: Lawrence Erlbaum Associates.

Cohen, P., & Cohen, J. (1983). *Applied multiple regression/correlation analysis for the behavioral sciences* (2nd ed.). Hillsdale: Lawrence Erlbaum Associates.

Kaiser, H. F. (1974). An index of factorial simplicity. *Psychometrika, 39*, 31-36.

Kline, R. B. (2004). *Beyond significance testing: Reforming data analysis methods in behavioral research.* Washington, DC: American Psychological Association.

Kline, R. B. (2015). *Principles and practice of structural equation modeling* (4th ed.). New York: Guilford Press.

Kobayashi, Y. (2016). Heat map with hierarchical clustering: Multivariate visualization method for corpus-based language studies. *NINJAL Research Papers*, *11*, 25-36.

Plonsky, L., & Oswald, F. L. (2014). How big is "big"? Interpreting effect sizes in L2 research. *Language Learning*, *64*, 878-912.

Shojima, K. (2007). Neural test theory. *DNC Research Note*, 07-02.

Tabachnick, B. G., & Fidell, L. S. (2014). *Using multivariate statistics* (6th ed.). Essex: Pearson Education Limited.

Tibshirani, R., Walther, G., & Hastie, T. (2001). Estimating the number of clusters in a data set via the gap statistic. *Journal of the Royal Statistical Society: Series B (Statistical Methodology)*, *63*, 411-423.

索　引

[A]

abline() 109, 112, 131
abs() 101
AGFI 163
AIC 141, 163
AIC() 141
alpha() 120
anova() 76, 141, 165
anovakun() 77
ANOVA 君 76, 84
aov() 76
as.matrix() 203
as.numeric() 26
as.party() 211

[B]

balloonplot() 115, 117
beeswarm() 48
beeswarm パッケージ 48
BIC 163
Bonferroni の方法 73
boxplot() 44, 46
boxplot.stats() 45

[C]

c() 8, 11
car パッケージ 61
cat() 124
cbind() 11
cfa() 159

CFI 163

class() 14
clusGap() 206
clusplot() 206
cluster パッケージ 206
coin パッケージ 100
Cohen's d 91
colMeans() 197
colnames() 13
colors() 41
compute.es パッケージ 94
confint() 131
cor() 108
cor.test() 109, 118
cortest.bartlett() 152
cov() 128
CRAN 2
Cronbach の α 係数 120
cutree() 201

[D]

data.frame() 14
describe() 30
describeBy() 52
dim() 23
dist() 199

[E]

eigen() 154
Euclid 距離 198, 203

exactRankTests パッケージ 101

[F]

fa() 157
factor() 64
factor.scores.rasch() 169
fa.parallel() 155
file.choose() 17
fitMeasures() 161
fixef() 146
for() 193
foreign パッケージ 19
friedman.test() 104
Friedman 検定 103
fscores() 173
function() 88
F 検定 71

[G]

Gap 統計量 206
gendat() 88
getwd() 15
GFI 163
gplots パッケージ 50, 115
Greenhouse-Geisser の ε 80
growth() 188

[H]

hclust() 199
head() 23
heatmap() 203
help() 19
hist() 40
histogram() 42
Holm の方法 73

[I]

ICCest() 145
ICC パッケージ 145
if() 123
ifelse() 129
install.packages() 19
interaction.plot() 84
is.na() 38

[K]

Kaiser-Guttman 基準 154
Kaiser-Meyer-Olkin（KMO）によるサンプ
　リングの適切性指標（MSA）...................151
kmeans() 205
k-means 法 205
KMO() 151
kruskal.test() 102
Kruskal-Wallis 検定 102
kurtosi() 34
kwic.conc() 124
KWIC コンコーダンス 123

[L]

lattice パッケージ 42
latticeExtra パッケージ 67
lavaan パッケージ 159, 190
lavPredict() 166
length() 9
leveneTest() 61
Levene 検定 61
lines() 68
lm() 129, 132
lme4 パッケージ 146
lmer() 146
lmres() 135
LRA() 193
ltm パッケージ 168

[M]

mahalanobis() 128
Mahalanobis の距離 128
Mann–Whitney の U 検定 100
MAP 推定 154
matrix() 10
max() 26
mean() 24
median() 25
mes() 96
MIMIC モデル 176, 181
min() 27
mirt() 173
mirt パッケージ 173

[N]

names() 26
na.omit() 37
ncol() 11
nrow() 11

[O]

openxlsx パッケージ 19
options() 99

[P]

pairs.panels() 110
pairwise.wilcox.test() 102
par() 68
partykit パッケージ 211
paste() 129
Pearson の積率相関係数 106, 108
pbnod パッケージ 135
plot() ... 109, 133, 169, 195, 199, 201, 208, 211
plotmeans() 50
plotSlope() 139
predict() 133

print() 114, 157
psych パッケージ
　30, 34, 52, 60, 75, 98, 110, 114, 120, 149
p 値 56, 69, 90, 93, 99

[Q]

qf() 129
qnorm() 102
Q-Qプロット 133
quantile() 30

[R]

range() 28
rasch() 169
Rasch モデル 171
rbind() 11
r.con() 101
read.csv() 16, 177
rect.hclust() 202
rep() 64
return() 88
RMeCabDF() 121
RMeCab パッケージ 121
RMR 163
RMSEA 163
rnorm() 88
rowMeans() 166, 197
rownames() 13
rpart() 211
rpart パッケージ 211
RStudio 3

[S]

scale() 32
sd() 29
sem() 178
semPaths() 180, 191

semPlot パッケージ 176

seq() 123

set.seed() 205

setwd() 15

simpleSlope() 138

skew() 34

sort() 122

source() 193

Spearman の順位相関係数 106, 114

sqrt() 99

SRMR 163

stack() 84

sum() 24

summary()

........30, 37, 108, 129, 136, 159, 178, 193, 210

[T]

t() 12

table() 26, 210

tapply() 51

text() 129

TLI 163

t.test() 62, 66

Tukey の方法 73

t 検定 55

対応のある *t* 検定 63

独立した（対応のない）*t* 検定 57

Welch の *t* 検定 63, 88

[U]

unlist() 121

[V]

var() 29

VSS() 154

[W]

Ward 法 198

which() 123

which.max() 26

wilcox.exact() 101

Wilcoxon の符号付順位和検定 101

wilcoxsign_test() 101

wilcox_test() 100

[X]

xtabs() 115

xyplot() 112

[あ]

因果推論 118

因果分析 176

因子寄与率 158

因子得点 166

因子負荷量 157

因子分析 148, 166

確認的因子分析 149, 159

探索的因子分析 149, 154, 159

上側ヒンジ 44

オブリミン回転 157

[か]

回帰直線 126, 130, 133, 170

回帰分析 126, 133, 145

重回帰分析 135, 137

単回帰分析 127, 136

可視化 38, 44, 50, 67, 109

関数 8

観測変数 148, 152

気球グラフ 115

多重指標モデル ……176, 183
多重共線性 ……137, 153
代入 ……6
第一種の誤差 ……70, 93

[た]

閾別分析 ……35, 46
判別分析 ……105, 109, 118, 119
判別係数 ……91, 105, 117, 151
判別 ……55, 105, 117, 137, 151
尖度 ……33, 60, 66, 150
潜在ランク理論 ……192
潜在変数 ……148
潜在成長曲線モデル ……176, 186
正規分布 ……61, 100
正規性 ……61, 100, 133, 149
推測統計 ……54
水準 ……73
信頼性 ……119
信頼区間 ……96, 109, 114, 131
情報基準量 ……141, 193
主効果 ……83
樹形図 ……199
自由度 ……56, 62, 72, 132
尺度得点 ……149, 166
四分位数 ……30
下側ヒンジ ……44
事後検定 ……73
サンプルサイズ ……151
散布図 ……105, 109
作業ディレクトリ ……15
重み付き ……157
尺度項 ……26

最大値 ……27
最小値 ……27
最小二乗法 ……126

[さ]

固有値 ……154
個別推移図（スパイダーダイアグラム）……67
コード ……5
5段彩色 ……30
項目反応理論 ……168
項目特性曲線 ……169
項目情報曲線 ……169
構造方程式モデリング ……175, 190
交差妥当化モデル ……176, 185
交互作用 ……83, 138
効果量 ……87, 90, 94
検定力分析 ……90
検定 ……55, 87, 93, 141
欠測値分析 ……209
欠測値 ……37
結果変数 ……127
形態素解析 ……121
繰り返しのある無……73
クラスタリング ……196
非階層的クラスター分析 ……198, 204
階層的クラスター分析 ……198
クラスター分析 ……196, 201
Bartlett の球面性検定 ……152
球面性検定 ……83
偏回帰 ……80
行列 ……10
共分散 ……128
記述統計量 ……22, 54
経験的相関 ……118

雨水 ……………… 54, 61
標準偏差 ……………… 29, 30, 31, 50, 91
標準得点 ……………… 31
標準化偏回帰係数 ……………… 137, 175
ヒストグラフ ……………… 203
ヒストグラム ……………… 38, 42, 43, 45, 59, 64, 110
標準各内差図 ……………… 77, 80, 83, 84
標準各間差図 ……………… 77, 80, 83, 84
引張 ……………… 10

ばらつきの様子 ……………… 100
バッチ ……………… 2, 19
外れ値 ……………… 24, 44, 128
箱図 ……………… 175
箱ひげ図 ……………… 175, 184
箱ひげ座標 ……………… 176, 177
箱ひげ図 ……………… 44, 48, 49, 59, 64, 76, 89
【は】

のばらつきの様子 ……………… 100
能力推定値 ……………… 169, 173
【の】

等分散性 ……………… 61, 75, 83, 133
チェーンプロット ……………… 13
テキストマイニング ……………… 121
適合度指標 ……………… 159, 163
中央値 ……………… 25
陳述主効果の様子 ……………… 84
集団間隔の様子 ……………… 138
段階反応モデル ……………… 173
尖度 ……………… 119
多重比較 ……………… 73, 77, 83, 93, 102

交座 ……………… 33, 60, 66, 150
【か】

ランダムパーミッションアプロアブル ……………… 194
【ら】

予測誤差 ……………… 127
累積統計量 ……………… 30, 44, 49
累図 ……………… 73
【る】

有意水準 ……………… 57, 70
【ゆ】

メッシュ ……………… 90

無相関検定 ……………… 109, 115
無相関 ……………… 106

マハラノビス分析 ……………… 142
【ま】

母集団図 ……………… 54, 61
母数 ……………… 6
信頼図 ……………… 32
ベクトル ……………… 8
平行分析 ……………… 155
平均値と標準偏差のプロット ……………… 50
平均値 ……………… 24, 28, 30, 50, 55, 70, 91
二元配置分散分析 ……………… 74, 79
一元配置分散分析 ……………… 73, 74, 83, 100
分散分析 ……………… 70, 73, 74, 93
分散 ……………… 28, 30

〈著者略歴〉

小林雄一郎（こばやし　ゆういちろう）

日本大学生産工学部准教授。大阪大学大学院言語文化研究科修了。博士（言語文化学）。関心領域は，コーパス言語学，英語の自動採点（ライティング，スピーキング）。バイクは，COLNAGO MASTER X-LIGHT など。主な著書・論文は，『ことばのデータサイエンス』（朝倉書店，2019 年），『R によるやさしいテキストマイニング』（オーム社，2017 年），"Automated scoring of L2 spoken English with random forests"（*Journal of Pan-Pacific Association of Applied Linguistics*, 2016 年，共著）など。

濱田彰（はまだ　あきら）

神戸市外国語大学英米学科准教授。筑波大学大学院人文社会科学研究科修了。博士（言語学）。関心領域は，第二言語習得，言語テスティング。バイクは，SPECIALIZED VENGE PRO など。主な著書・論文は，"Using meta-analysis and propensity score methods to assess treatment effects toward evidence-based practice in extensive reading"（*Frontiers in Psychology,* 2020 年），"Approximate replication of Matsuda and Gobel (2004) for psychometric validation of Foreign Language Reading Anxiety Scale"（*Language Teaching*, 2019 年，共著），『初等外国語教育』（ミネルヴァ書房，2018 年，共著）など。

水本篤（みずもと　あつし）

関西大学外国語学部教授。関西大学大学院外国語教育学研究科修了。博士（外国語教育学）。関心領域は，コーパスの教育利用，学習方略。バイクは，FELT F95 など（だが，最近は乗っておらず，ラブラドール・レトリバーの世話ばかりしている）。主な著書・論文は，"Applying the bundle-move connection approach to the development of an online writing support tool for research articles"（*Language Learning*, 2017 年，共著），『外国語教育研究ハンドブック』（松柏社，2012 年，共編著）など。

Rによる教育データ分析入門

2020 年 9 月 15 日　　第 1 版第 1 刷発行
2024 年 4 月 10 日　　第 1 版第 5 刷発行

著　　者　小林雄一郎・濱田　彰・水本　篤
発 行 者　村上和夫
発 行 所　株式会社 オーム社
　　　　　郵便番号　101-8460
　　　　　東京都千代田区神田錦町 3-1
　　　　　電話　03(3233)0641(代表)
　　　　　URL　https://www.ohmsha.co.jp/

組版　チューリング　　印刷　美研プリンティング　　製本　協栄製本
ISBN978-4-274-22591-8　Printed in Japan

本書の感想募集 https://www.ohmsha.co.jp/kansou/

本書をお読みになった感想を上記サイトまでお寄せください．
お寄せいただいた方には，抽選でプレゼントを差し上げます．